高等职业院校基于工作过程项目式系列教程

Cinema 4D
三维制作项目化教程

烟台汽车工程职业学院
天津滨海迅腾科技集团有限公司　编著

刘道刚　张广华　主编

U0361934

南开大学出版社

天　津

图书在版编目(CIP)数据

Cinema 4D 三维制作项目化教程 / 烟台汽车工程职业学院，天津滨海迅腾科技集团有限公司编著；刘道刚，张广华主编. —天津：南开大学出版社，2023.8
高等职业院校基于工作过程项目式系列教程
ISBN 978-7-310-06463-2

Ⅰ.①C… Ⅱ.①烟… ②天… ③刘… ④张… Ⅲ.①三维动画软件－高等职业教育－教材 Ⅳ.①TP391.414

中国国家版本馆 CIP 数据核字(2023)第 160505 号

主　编　刘道刚　张广华
副主编　由丽娟　孙小涵　杨敏
　　　　王烽杰　苗　鹏

Cinema 4D 三维制作项目化教程
Cinema 4D SANWEIZHIZUO XIANGMUHUA JIAOCHENG

南开大学出版社出版发行
出版人：陈　敬
地址：天津市南开区卫津路 94 号　　邮政编码：300071
营销部电话：(022)23508339　营销部传真：(022)23508542
https://nkup.nankai.edu.cn

天津创先河普业印刷有限公司印刷　全国各地新华书店经销
2023 年 8 月第 1 版　　2023 年 8 月第 1 次印刷
260×185 毫米　16 开本　15.5 印张　374 千字
定价：82.00 元

如遇图书印装质量问题,请与本社营销部联系调换,电话:(022)23508339

前　言

Cinema 4D 是一款功能强大、应用广泛、世界顶级的三维动画软件，在广告、电影、工业设计等方面都有出色的表现，而且还包含了先进的动力学、毛发、运动图形等技术，是众多喜爱或从事三维动画人士不可缺少的工具。

本书对 Cinema 4D 各项操作功能进行了详细的讲解，以"企业级项目"为背景，在知识点的讲解过程中，穿插大量真实的企业级项目实训案例，开展基于工作过程（含系统化）的案例教学模式。项目案例覆盖多种类型，涉及的知识广泛，学习后可轻松应对三维制作领域的各种需求。为了适应时代发展，本书在编写过程中融入党的二十大精神等思政元素，注重培养学生责任意识、担当精神，精益求精的工匠精神等，提升学生政治认同感。

本书主要内容模块包括：项目一模型篇，主要介绍 Cinema 4D 基础知识与建模方法，使读者掌握三维制作的基本概念，了解其制作方法与实际应用领域。通过本章的学习，大家可以熟悉软件的操作方法及主流建模的工作流程；项目二材质篇，主要介绍材质效果的制作。除了掌握调节材质球中的属性，如颜色、透明度、反射率等，还要对灯光、贴图、渲染等元素进行学习；项目三动画篇，主要介绍关键帧动画与制作方法。在 Cinema 4D 中包含了一套强大的动画系统，可以制作出丰富多彩的动画效果，通过本章的学习，掌握骨骼与关键帧动画的制作，为后续的学习建立良好基础；项目四特效篇，主要介绍刚体柔体、粒子、毛发特效的应用方法，特效多用于模拟随机性的自然现象，特效的精彩程度能够直接影响三维作品的整体效果，是三维制作的重要环节。

本书的主要特点是系统讲解了 Cinema 4D 的技术操作与使用技巧，通过多个企业级项目案例对知识进行串联，使读者在实际项目操作中提升对软件的操控能力，从而丰富制作经验。本书知识点明确，涉及内容全面，语言通俗易懂，有利于教学和自学，是不可多得的优秀教材。

本书的主旨是使读者从入门到熟练操作软件各种功能，再到将知识熟练运用到各个案例之中，通过基于工作过程（含系统化）的"企业级"系列实战项目贯穿全文知识点，使读者在实际项目操作中轻松、快速地学习，制作出符合企业标准的三维效果作品。

编　者
2023 年 5 月

目　录

项目一 模型篇"神秘森林"的制作

通过学习 Cinema 4D 软件的基础操作，了解三维软件相关知识，熟悉模型的制作工具与命令，掌握 Cinema 4D 软件的创作思路。在任务实现过程中：

- 了解三维软件的区别
- 了解 Cinema 4D 的基础操作
- 熟悉 Cinema 4D 多边形建模方法
- 熟悉 Cinema 4D 曲面建模方法

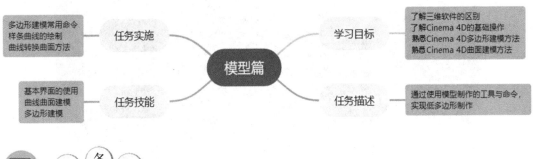

【情境导入】

随着计算机技术的迅速发展，三维动画技术已经是电影、电视、游戏等娱乐产业的必备技术之一，而且它所产生的经济效益和影响力日益增长，受到越来越多行业的青睐与关注。三维动画技术的运用在现代化建设与发展中，表现出越来越突出的重要性，它既能够带动经济的发展，也是文化实力的证明，是新一代数字化、虚拟化、智能化设计平台的基础。它使设计目标更加立体化、形象化，如今已经是一种主流的设计方法，它不仅摆脱了传统的手工制作的弊端，并且以简洁、生动、形象等特点，得到越来越广泛的应用。三维动画技术是在虚拟的空间中创建模型、色彩、灯光等设置，通过动画的形式展现，再模拟摄像机进行拍摄，最终渲染生成真实的三维效果，无论是在画面、技术还是创意等方面，都赢得了广泛的认可，展现出巨大的魅力。

本项目通过对曲线曲面、多边形和模型制作等工具与命令的学习，实现模型的制作。同时在项目实施过程中将劳动精神贯穿于始终，助力读者养成良好的职业素养，培养读者在三维动画制作各环节中精益求精的工匠精神，提升读者的综合素质。

【任务描述】

- 运用菜单栏中的命令进行造型的构造
- 利用造型工具制作出整体造型
- 使用"点、线、面"对模型细节进行调整

【效果展示】

低多边形风格是一种简洁的模型效果，尤其在 C4D 建模中十分常见。这种效果虽然抽象但更具视觉冲击力。其特点是细节低，小面多，质感表现强烈，像一件复古手工艺品。通过制作项目案例，读者将会综合练习模型的制作，提升建模的技能，最终按照企业标准完成模型制作。

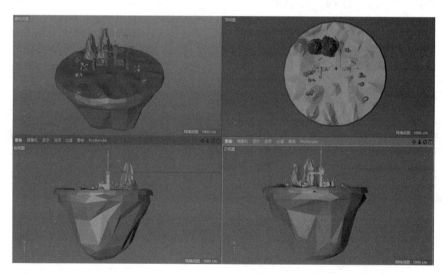

技能点一　常见三维软件分类

三维动画的制作离不开三维软件，现在影视、广告、游戏等各个行业的设计都离不开

三维动画效果。而面对市面上种类众多且功能各异的三维软件，只有了解其不同特点与功能，才能在工作中有的放矢，选择相应的三维软件进行创作，从而大幅度提高工作效率。下面就来了解一下常见的几款三维软件。

1. Maya

Maya 是目前世界上最优秀的三维动画制作软件之一，是一款高端且复杂的三维动画软件，被广泛用于电影、电视、广告、游戏领域等的三维特效创作，曾获奥斯卡科学技术贡献奖等殊荣。它集成了最先进的动画及数字效果技术，不仅包括三维视觉效果制作，而且还与最先进的模型制作、粒子特效、毛发渲染、运动捕捉技术相结合。使用 Maya 会极大地提高制作效率和品质，调节出仿真的角色动画，渲染出电影级别的真实效果，迈向高级别的三维动画效果。图 1-1-1 是 Maya 示意图。

图 1-1-1　Maya 示意图

2. 3D MAX

3D MAX 是问世较早、应用最广泛的一款三维动画软件。它包含三维建模、动画、渲染等功能，完全可以满足高质量动画、游戏、设计等领域需要的效果，特别在建筑设计、工业设计等行业有着出色表现，总之，3D MAX 是一款功能强大、插件众多、历史悠久的软件，对于三维动画行业来说，是再熟悉不过的三维软件。图 1-1-2 是 3D MAX 示意图。

图 1-1-2　3D MAX 示意图

3. Softimage

自 20 世纪 80 年代至今，Softimage 一直在三维动画领域屹立不倒，它被成功地运用在电影、电视和交互制作的市场中。Softimage 的设计界面由 5 个部分组成，分别提供不同的功能，使用者可以很方便地在建模、动画、渲染等部分之间进行切换，具有方便高效的工作界面和快速高质量的图像生成功能，使艺术创作者有非常自由的想象空间，能创造出完美逼真的艺术作品。图 1-1-3 是 Softimage 示意图。

图 1-1-3　Softimage 示意图

4. Cinema 4D

Cinema 4D 这款三维软件是由德国 Maxon 公司出品，它以高速的计算速度和强大的渲染能力而闻名于世，是一套包含三维模型、动画与特效系统的三维软件，其渲染器在不影响速度的前提下，使图像品质有了很大提高，Cinema 4D 主要应用在产品广告、栏目包装、工业产品展示、电商海报设计中，Cinema 4D 自 1991 年问世（最早的名字是 FastRay），至今已经逐步走向成熟，受到越来越多设计公司的青睐，很多方面在同类软件中已经遥遥领先，是三维动画制作的重要软件之一。图 1-1-4 是 Cinema 4D 示意图。本书将以 Cinema 4D 为工具，介绍三维制作过程。

图 1-1-4　Cinema 4D 示意图

技能点二　基本界面

激活 Cinema 4D 进入到基本界面，它的基本界面由菜单栏、视图窗口、工具栏、编辑模式工具栏、动画窗口、材质窗口、提示栏、坐标窗口、属性窗口、对象窗口等部分组成，如图 1-2-1 所示。当版本中出现新增或改进命令时，在界面中会以高亮黄色显示出来，如图 1-2-2 所示。

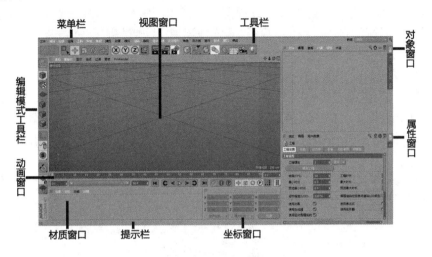

图 1-2-1 基本界面

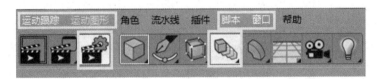

图 1-2-2 新增或改进命令

1. 菜单栏

菜单栏包含了 Cinema 4D 全部的命令，是 Cinema 4D 重要的选项，如图 1-2-3 所示。点击菜单命令后，出现的子命令后方带有 ▶ 黑色三角，选择后会出现隐藏命令，可以对其进行选择，如图 1-2-4 所示。

图 1-2-3 菜单栏

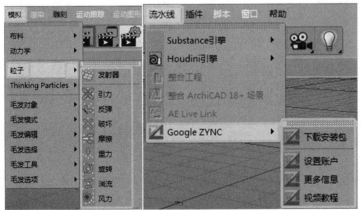

图 1-2-4 隐藏命令

2. 视图窗口

视图窗口是 Cinema 4D 制作中最重要的窗口，所有的制作都是在视图窗口中完成的。默认包含 4 个窗口，分别是透视图、顶视图、前视图、侧视图。在每个视图窗口的右上角包含 4 个图标，分别是 ✛位移视图、⬇拖拽视图、◐旋转视图、⬜一视图与四视图切换（如图 1-2-5），在每个视图窗口的左上角包含 查看 摄像机 显示 选项 过滤 面板 ProRender 。查看：用于查看本视图内容（如图 1-2-6）；摄像机：用于对摄像机的选择与调节（如图 1-2-7）；显示：用于选择模型的显示模式（如图 1-2-8）；选项：用于调节物体的细节显示，如图 1-2-9 所示；过滤：用于选择显示对象的类型，如图 1-2-10 所示；面板：用于选择与调节视图窗口，如图 1-2-11 所示；prorender：用于对 prorender 渲染器的选择与调节，如图 1-2-12 所示。

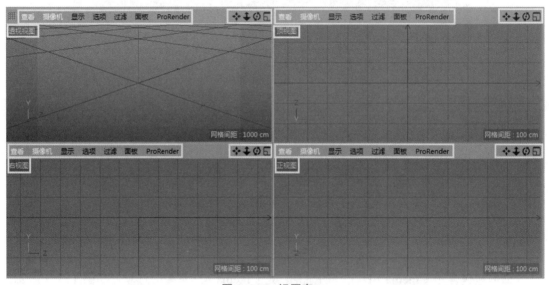

图 1-2-5　视图窗口

图 1-2-6　查看

图 1-2-7　摄像机

图 1-2-8　显示

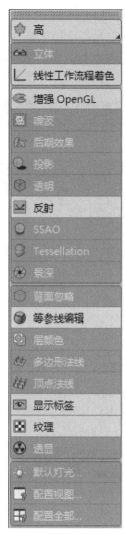

图 1-2-9　选项

图 1-2-10　过滤

图 1-2-11　面板

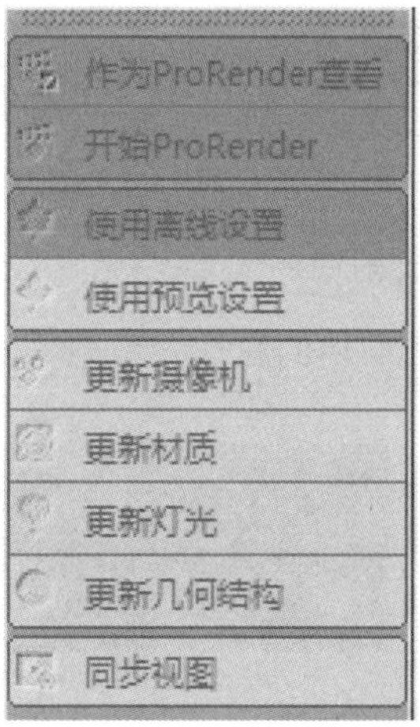

图 1-2-12　prorender

3. 工具栏

即安装软件后默认显示的一些常用工具，使用者可手动对工具栏中的工具进行增减，如图 1-2-13 所示。在右下角带有黑色三角▓的工具图标上，长按鼠标左键，即可显示隐藏工具，如图 1-2-14 所示。

图 1-2-13   工具栏

图 1-2-14   隐藏工具

4. 编辑模式工具栏

在视图窗口的左侧，如图 1-2-15 所示，可以选择不同的编辑工具。其中，经常使用的是▓"转为可编辑对象"，单击此图标可对模型的"点边面"级别进行编辑；▓"点级别"，单击此图标可对模型的"点"级别进行编辑；▓"边级别"，单击此图标可对模型的"边"级别进行编辑；▓"面级别"，单击此图标可对模型的"面"级别进行编辑。

图 1-2-15   编辑模式工具栏

5. 动画窗口

包含时间线与设置关键帧的命令，可以对物体关键帧动画进行记录，如图 1-2-16 所示。

图 1-2-16   动画窗口

6. 材质窗口

可以对物体的材质及纹理进行创建、编辑、设置与调节，如图 1-2-17 所示。

图 1-2-17   材质窗口

7. 提示栏

用来显示物体信息、操作提示及错误警告，提供直观的数据信息，便于操作使用，如图 1-2-18 所示。

移动：点击并拖动鼠标移动元素，按住 SHIFT 键量化移动；节点编辑模式时按住 SHIFT 键增加选择对象；按住 CTRL 键减少选择对象。

图 1-2-18 提示栏

8. 坐标窗口

用于调节和编辑所有物体的基本参数，如图 1-2-19 所示。

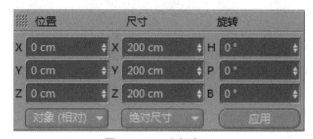

图 1-2-19 坐标窗口

9. 对象窗口

对象窗口、场次窗口、内容浏览器窗口、构造窗口默认连接一起。对象窗口呈树形层级结构（即父子级关系），显示物体的各项关系。如果要编辑某个物体，使用者可在视图窗口中选择，也可在对象窗口中进行选择，被选物体名称呈高亮显示，如图 1-2-20 所示。场次窗口可以保存各个场景的参数属性，在操作时需要频繁变更场景时，场次窗口就十分重要了，如图 1-2-21 所示。内容浏览器窗口管理文件、材质、预置等内容，直接拖拽到视图窗口即可使用，如图 1-2-22 所示。构造窗口用于显示物体点（线、面）的参数，也可以通过输入数值对点（线面）进行编辑，如图 1-2-23 所示。

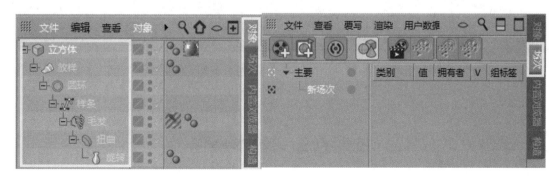

图 1-2-20 对象窗口   图 1-2-21 场次窗口

图 1-2-22　内容浏览器窗口

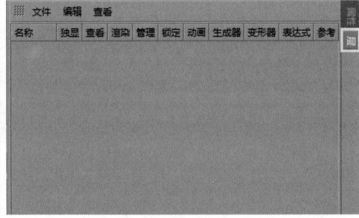

图 1-2-23　构造窗口

10. 属性窗口

属性窗口、层窗口默认连接一起。属性窗口是常用的窗口之一,它包含被选择物体的所有属性参数,如图 1-2-24 所示;层窗口用于管理文件中的多个属性,如图 1-2-25 所示。

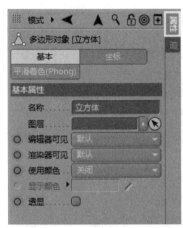

图 1-2-24　属性窗口

图 1-2-25　层窗口

技能点三　基本操作

Cinema 4D 的基础操作是制作三维效果的重要步骤,直接影响到工作效率与作品质量。Cinema 4D 借鉴了早期的三维软件的操作方法,其简便的操作易于掌握和理解,使用者通过学习可以对 Cinema 4D 有一定了解与认识。

1. 视图操作

进行"移动""缩放""旋转"视图窗口等操作,是 Cinema 4D 最基础的操作,任何对物体的编辑制作，都离不开这些操作。使用鼠标左键，点击视图窗口左上角█进行移动，即可对视图进行位移（或按住键盘的 Alt+鼠标中键），如图 1-3-1 所示。使用鼠标左键，点击视图窗口左上角█进行移动，即可对视图进行拖拽（或按住键盘的 Alt+鼠标右键），如图 1-3-2 所示。使用鼠标左键，点击视图窗口左上角█进行移动，即可对视图进行"旋转"（或按住键盘的 Alt+鼠标中键），如图 1-3-3 所示。使用鼠标左键，点击视图窗口左上角█进行一视图与四视图的切换（或点击鼠标中键），如图 1-3-4 所示。

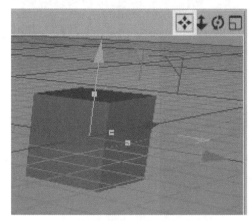

图 1-3-1　移动

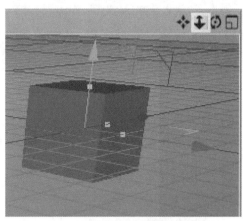

图 1-3-2　拖拽

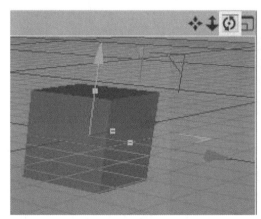

图 1-3-3　旋转

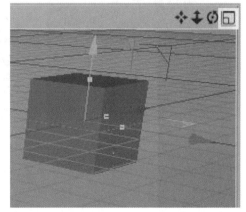

图 1-3-4　切换视图

2. 物体基础操作

在 Cinema 4D 中，若要制作三维效果，离不开对物体的操作。物体的操作与视图操作相同，也是包含"位移""缩放""旋转"3 种方式，可在工具栏中点击█移动、█缩放、█旋转对物体操作，也可以使用快捷键即键盘上的"E"（移动）、"R"（缩放）、"T"（旋转）键。若需要移动物体时，点击█或点击快捷键的"E"键，选中的物体会出现坐标轴，红色代表 X 轴、绿色代表 Y 轴、蓝色代表 Z 轴（缩放、旋转同理），如图 1-3-5 所示；在视图的空白处按住鼠标左键移动，可以对物体任意移动位置，如图 1-3-6 所示。

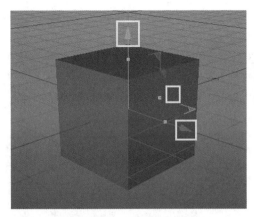

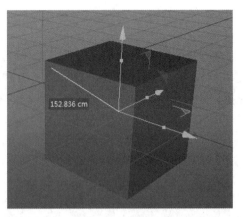

图 1-3-5　坐标轴　　　　　　　　　　　　　图 1-3-6　平移

若只是在某个轴向上"位移"，可以将鼠标放在某个轴向上，按住鼠标左键移动，此时的物体只会沿着此轴向平移，如图 1-3-7 所示；或是在"坐标窗口"、"位置"的"X、Y、Z"中输入相应数值，也可以将物体进行平移，如图 1-3-8 所示。

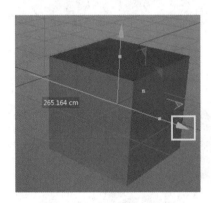

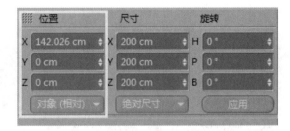

图 1-3-7　沿着轴向平移　　　　　　　　　　　图 1-3-8　坐标窗口

若需要"缩放"物体时，点击■或点击快捷键的"T"键，鼠标左键按住轴向上的小黄点进行移动，可以使物体沿着此轴向进行"缩放"，如图 1-3-9 所示；在视图的空白处或红绿蓝 3 个轴向，按住鼠标左键移动，可对物体进行等比缩放，如图 1-3-10 所示；或是在坐标窗口、尺寸的"X、Y、Z"中输入相应数值，也可以将物体进行缩放，如图 1-3-11 所示。

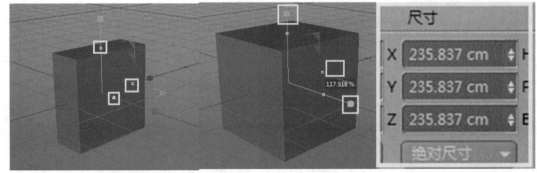

图 1-3-9　沿着轴缩放　　　　　　图 1-3-10　等比缩放　　　　　　图 1-3-11　坐标窗口

　　若需要"旋转"物体时，点击⊘或点击快捷键的"R"键，鼠标左键按住轴向上的红绿蓝某个圆环进行移动，可以使物体沿着此轴向进行旋转，如图 1-3-12 所示；在视图的空白处或选择红绿蓝圆环，以外圆环进行移动，则会在三维空间进行旋转，如图 1-3-13 所示；或是在坐标窗口、尺寸的 H、P、B 中输入相应数值，也可以将物体进行旋转，如图 1-3-14。

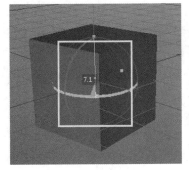
图 1-3-12　沿着轴旋转

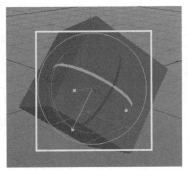
图 1-3-13　三维空间旋转

图 1-3-14　坐标窗口

3. 父子关系

　　在 Cinema 4D 中，创建造型、模拟、变形器工具等，虽在场景中显示，但不会直接作用给物体，如果要使用这些工具，就必须使这些物体和工具形成父子关系（层级关系）。父子关系也就是指一个物体（子级别物体）跟随另一个物体（父级别物体）进行位移、旋转、缩放的编辑。具体示例如下。

　　（1）在视图窗口中创建一个"立方体"与"球体"，如图 1-3-15 所示；选择对象窗口，找到"立方体"与"球体"的显示，如图 1-3-16 所示。

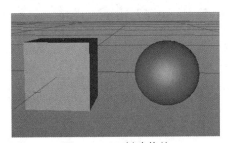
图 1-3-15　创建物体

图 1-3-16　对象窗口

　　（2）在对象窗口中，使用鼠标左键按住 "球体"，如图 1-3-17 所示；将球体拖动至里"立方体"之上，此时出现向下的黑色箭头，如图 1-3-18 所示。

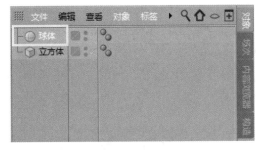
图 1-3-17　选择球体

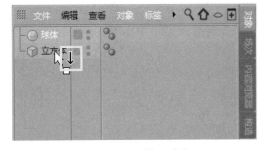
图 1-3-18　拖动球体

（3）松开鼠标后"立方体"与"球体"的层级关系出现变化，"球体"是子级别，"立方体"是父级别，如图 1-3-19 所示；在视图窗口中，对"立方体"进行"位移""缩放""旋转"等编辑，"球体"随之一起变化；反之，对"球体"进行"位移""缩放""旋转"等编辑，"立方体"不随其变化，如图 1-3-20 所示。

 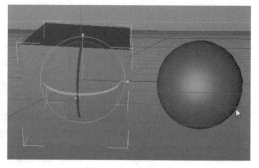

图 1-3-19　父子关系　　　　　　　　　图 1-3-20　球体跟随变化

4. 群组

在制作过程中创建两个或两个以上的物体，可以对物体进行群组对象，也就是建立组级别，以方便对物体进行编辑；解组与其相反，就是将组解散，恢复物体级别。具体示例如下。

（1）在视图窗口中创建"立方体"与"球体"，如图 1-3-21 所示；此时在对象窗口中，显示"立方体"与"球体"图标，如图 1-3-22 所示。

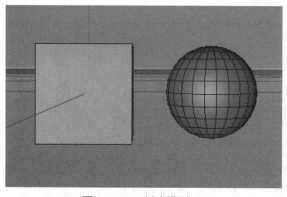 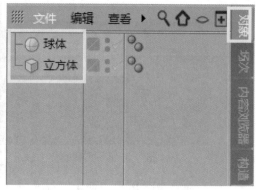

图 1-3-21　创建模型　　　　　　　　　图 1-3-22　显示图标

（2）在选择"立方体"与"球体"状态下，点击"对象""群组对象"，如图 1-3-23 所示；此时对象窗口中出现"空白"图标（空白图标即表示群组关系），如图 1-3-24 所示。

（3）在对象窗口中选择 "空白"图标，也就是同时选择了"立方体"与"球体"。需要注意的是，此时选择的是群组级别，注意此时视图窗口中的显示，如图 1-3-25 所示；若在对象窗口中选择"球体"图标，在视图窗口只是显示选择"球体"，并不影响群组级别，如图 1-3-26 所示。

图 1-3-23 群组对象

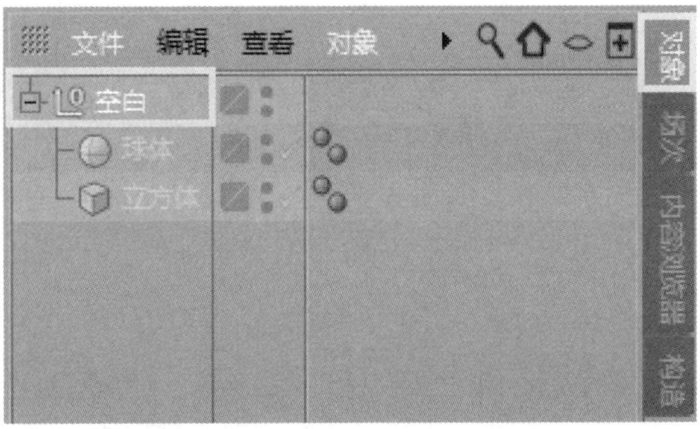

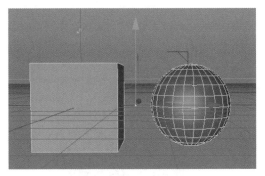

图 1-3-24 空白图标

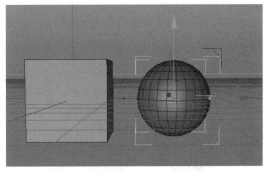

图 1-3-25 选择群组

图 1-3-26 选择球体

（4）在对象窗口中选择"空白"图标，点击"对象""结组对象"，如图 1-3-27 所示；此时群组关系将解除，回归物体状态，点击键盘"Delete"可删除空白图标，如图 1-3-28 所示。

图 1-3-27 结组对象

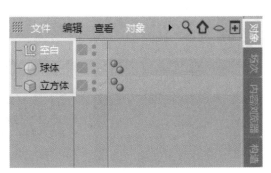

图 1-3-28 物体状态

5. 对象窗口

在对象窗口中可以调节物体显示与渲染,这在模型制作特别是大型场景中是常用选项。具体示例如下。

(1)在视图窗口中创建"立方体",在对象窗口中,点击绿勾后,显示红叉,如图 1-3-29 所示;在视图窗口中物体将不显示,如图 1-3-30 所示。

图 1-3-29　显示红叉

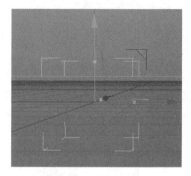

图 1-3-30　隐藏物体

(2)再次点击红叉后,显示绿勾,如图 1-3-31 所示;在视图窗口中将显示物体,如图 1-3-32 所示。

图 1-3-31　显示绿勾

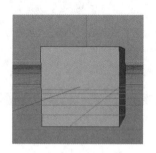

图 1-3-32　显示物体

(3)在绿勾前方有上下两个点,点击上方的点显示红色,如图 1-3-33 所示;物体在视图窗口隐藏,但在渲染窗口显示(再次点击上方的红点,将恢复显示),如图 1-3-34 所示。

图 1-3-33　显示红点

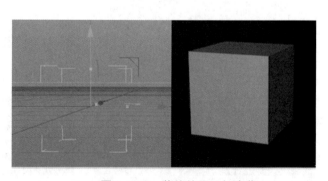

图 1-3-34　物体的显示与隐藏

（4）点击下方的点显示红色，如图 1-3-35 所示，物体在渲染窗口隐藏，但在视图窗口显示（再次点击下方的红点，将恢复显示），如图 1-3-36 所示。

图 1-3-35　显示红点

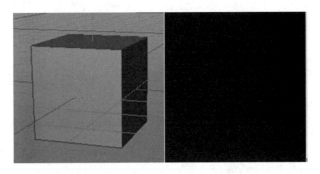

图 1-3-36　物体的显示与隐藏

（5）绿点的作用是将群组显示关闭后，单独显示某个物体。创建一个"球体"，将"球体"与"立方体"设置成群组关系，点击"空白"图标上方的点显示红色，如图 1-3-37 所示；在视图窗口中物体将会隐藏，如图 1-3-38 所示。

图 1-3-37　显示红点

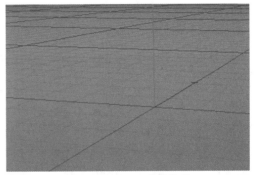

图 1-3-38　隐藏物体

（6）此时，若想显示"球体"，点击上方的点显示绿色，如图 1-3-39 所示；虽然群组关系中的物体被隐藏，但在视图窗口中"球体"将显示出来，如图 1-3-40 所示。

图 1-3-39　球体绿点

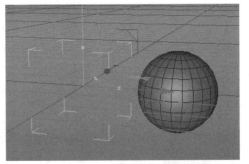

图 1-3-40　显示球体

6. 冻结变换

使物体保持当前的位置、尺寸、旋转的状态，而将轴向的数值改换成初始状态数值。

物体有一个清晰的基础数值，便于后续的制作更流畅、准确。示例如下。

（1）在视图窗口中创建立方体，先后使用"位移""缩放""旋转"对其进行调节，如图 1-3-41 所示；在属性窗口，坐标中物体的"位移""缩放""旋转"数值已经改变，如图 1-3-42 所示。

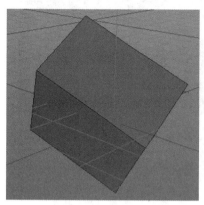

图 1-3-41　调节物体

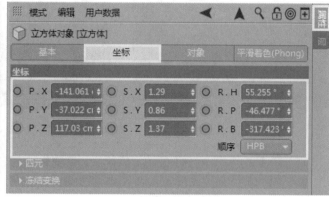

图 1-3-42　观察数值

（2）此时物体的数值十分杂乱，如果在此基础上，进行下一环节的编辑，可能会产生意想不到的错误，所以需要将其数值进行"冻结变换"，使数值变得清晰有序。点击"冻结变换"选项，如图 1-3-43 所示，其中"冻结全部"是将"位移""缩放""旋转"的 3 项数值全部冻结；"解冻全部"是将"位移""缩放""旋转"的 3 项数值全部恢复原状。而下方的"冻结 P""冻结 S""冻结 R"，是分别将"位移""缩放""旋转"进行冻结；若要恢复原状，则要点击上方的"解冻全部"。现在点击"冻结全部"，可以看到，原坐标中位移数值变换成 "0、0、0"，缩放数值变换成"1、1、1"，旋转数值变换成"0、0、0"，便于接下来的制作。而下方"冻结变换"中，"位移""缩放""旋转"的数值，则替换成之前坐标中数值，如图 1-3-44 所示。

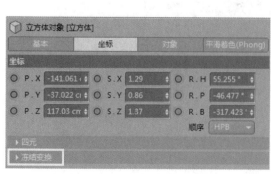

图 1-3-43　冻结变换

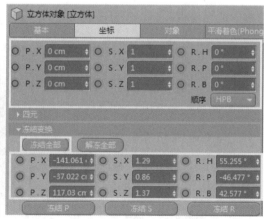

图 1-3-44　冻结全部

7. 造型工具

Cinema 4D 中的造型工具十分强大,其操控性非常灵活;可以自由创造出不同的效果,是 Cinema 4D 的亮点之一。选择"菜单—创建—造型",所有造型工具则会显示出来,如图 1-3-45 所示;也可在工具栏中的快捷图标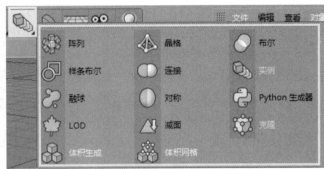进行选择,如图 1-3-46 所示。

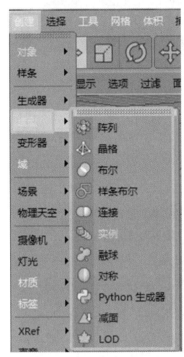

图 1-3-45　菜单中的创建

图 1-3-46　工具栏中的造型工具

（1）阵列

阵列可以将物体按照圆形或波形进行复制,或创建关键帧动画。

例如,在视图窗口中创建"球体",如图 1-3-47 所示;在工具栏中选择"阵列"命令,如图 1-3-48 所示。

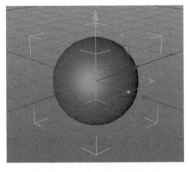

图 1-3-47　创建球体

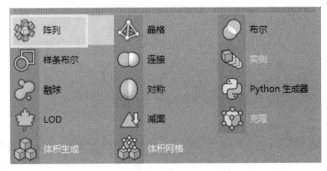

图 1-3-48　阵列工具

在对象窗口中,将"球体"拖至"阵列"之下,使"阵列"与"球体"建立"父子关系",如图 1-3-49 所示;在视图窗口复制出更多"球体",如图 1-3-50 所示。

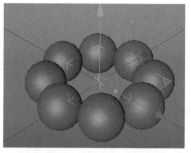

图 1-3-49　创建阵列　　　　　　　　　　图 1-3-50　阵列复制

在属性窗口中，对"阵列"属性进行调节。"半径"：调节阵列的半径大小；"副本"：调节阵列中物体的数量多少；"振幅"：调节阵列波动的范围；"频率"：调节阵列波动快慢，在制作动画时产生效果；"阵列频率"：调节频率变化的随机性；"渲染实例"：提高渲染速度。将"半径"输入"500"、"副本"输入"30"、"振幅"输入"10"，如图 1-3-51 所示；在视图窗口观察"阵列"最终效果，如图 1-3-52 所示。

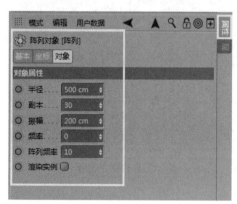

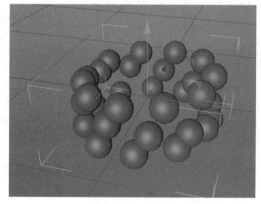

图 1-3-51　阵列属性　　　　　　　　　　图 1-3-52　阵列效果

（2）晶格

晶格可将物体转换成原子结构，用圆柱代替物体的边，用球体代替物体的点。

例如，在视图窗口中创建"圆柱"，如图 1-3-53 所示；在工具栏中选择"晶格"命令，如图 1-3-54 所示。

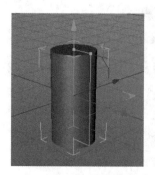

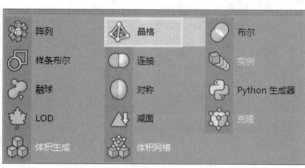

图 1-3-53　创建圆柱　　　　　　　　　　图 1-3-54　晶格工具

在对象窗口中,将"圆柱"拖至"阵列"之下,使"晶格"与"圆柱"建立"父子关系",如图1-3-55所示;在视图窗口制作出"圆柱"的原子结构,如图1-3-56所示。

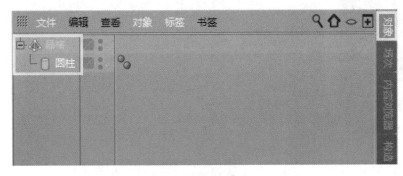

图1-3-55 创建晶格

图1-3-56 晶格

在属性窗口中,对"晶格"属性进行调节。"圆柱半径":调节圆柱的半径大小;"球体半径":调节球体的半径大小;"细分数":调节圆柱和球体的细分;"单个元素":勾选后,当晶格物体转化成多边形时,晶格将成独立的物体。将"圆柱半径"输入"1"、"球体半径"输入"3"、"细分数"输入"50",如图1-3-57所示;在视图窗口观察"晶格"最终效果,如图1-3-58所示。

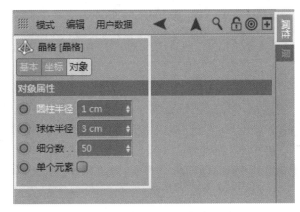

图1-3-57 晶格属性

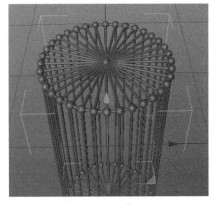

图1-3-58 晶格效果

(3)布尔

布尔运算是一种逻辑数学计算法则,也是一种十分简便快捷的建模方法,在使用过程中需要注意模型的前后位置,不同摆放位置会影响最终的布尔效果。

例如,在视图窗口中创建"立方体"与"圆柱",如图1-3-59所示;在工具栏中选择"布尔"命令,如图1-3-60所示。

在对象窗口中,将"立方体"与"圆柱"拖至"布尔"之下,使"布尔"与"立方体""圆柱"建立"父子关系",如图1-3-61所示;在"视图窗口"制作出布尔效果,如图1-3-62所示。

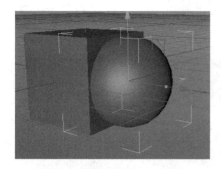

图 1-3-59　创建立方体与圆柱

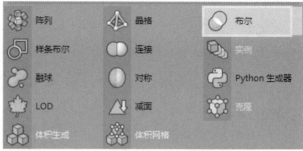

图 1-3-60　布尔工具

图 1-3-61　创建布尔

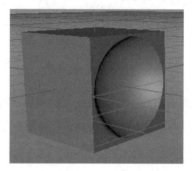

图 1-3-62　布尔

在属性窗口中，对布尔属性进行调节。"布尔类型"：包含"A 减 B""A 加 B""AB 交集""AB 补集" 4 种运算（本案例中 A 代表立方体，B 代表球体）；"高质量"：勾选后，以较高质量显示布尔运算效果；"创建单个对象"：勾选后，当晶格物体转化成多边形时，物体被合并为一个整体；"隐藏新的边"：勾选后，布尔运算后线分布不均匀，会自动隐藏不规则的线；"交叉处创建平滑着色（Phong）分割"：勾选后，对交叉的边缘进行圆滑（在复杂的边缘结构产生效果）；"选择交界"：勾选后，自动建立一个交界多边形选集；"优化点"：对布尔运算后物体中的点元素进行优化处理（勾选创建单个对象时，此项才能被激活），如图 1-3-63 所示。在对象窗口中，将"立方体"与"球体"顺序颠倒，也就是"球体"在前，"立方体"在后，布尔运算的效果也会随之变化，如图 1-3-64 所示。

图 1-3-63　布尔属性

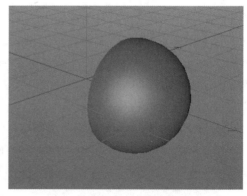

图 1-3-64　布尔效果

（4）样条布尔

样条布尔是针对样条的布尔运算，具体使用方法可以参考布尔的使用。

例如，在视图窗口中创建"矩形样条"和"圆环样条"，如图 1-3-65 所示；在工具栏中选择"样条布尔"命令，如图 1-3-66 所示。

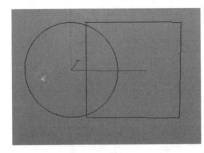

图 1-3-65　创建样条布尔

图 1-3-66　样条布尔

在对象窗口中，将"矩形样条"和"圆环样条"拖至"样条布尔"之下，如图 1-3-67 所示；在视图窗口制作出"样条布尔"效果，如图 1-3-68 所示。

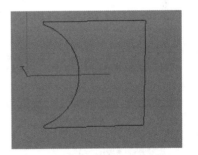

图 1-3-67　创建样条布尔

图 1-3-68　样条布尔效果

在属性窗口中，对"样条布尔"属性进行调节。"模式"：提供了 6 种模式，包含"合集""A 减 B""B 减 A""与""或""交集"，对样条曲线之间进行运算，从而得到新的样条曲线（这里 A 为矩形样条，B 为圆环样条）；"轴向"：样条布尔的作用方向，提供了 4 种模式，包含："XY（沿着 Z）""ZY（沿着 X）""XZ（沿着 Y）""视图（渲染视角）"；"创建封盖"：勾选后，样条曲线会形成一个闭合的面。在"模式"中选择"合集"，勾选创建封盖，如图 1-3-69 所示；在对象窗口中，将"矩形样条"和"圆环样条"顺序颠倒，"样条布尔"运算的效果也会随之变化，如图 1-3-70 所示。

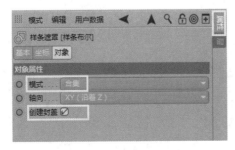

图 1-3-69　样条布尔属性

图 1-3-70　样条布尔效果

（5）连接

两个物体或两个以上物体才能进行连接，在连接时尽量选择布线结构相似的两个物体进行连接。

例如，在视图窗口中创建两个"立方体"，按键盘"C"键，转换成多边形（注意，此时立方体的选框还是显示两个物体），如图 1-3-71 所示；在工具栏中选择"连接"命令，如图 1-3-72 所示。

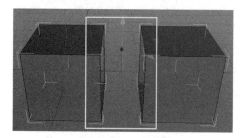

图 1-3-71　立方体

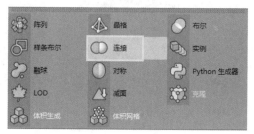

图 1-3-72　连接

在对象窗口中，将"立方体"拖至"连接"之下，如图 1-3-73 所示；在视图窗口制作出"连接"效果，观察物体选择后的效果，如图 1-3-74 所示。

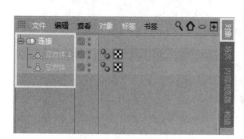

图 1-3-73　创建连接

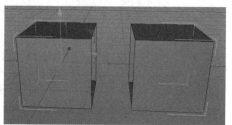

图 1-3-74　连接效果

在属性窗口中，对"连接"属性进行调节。"焊接"：勾选后，才能对两个物体进行连接；"公差"：也就是焊接的距离，勾选后，调整公差的数值，两个物体就会自动连接；"平滑着色（Phong）模式"：对接口处进行平滑处理；"纹理"勾选后，将显示物体的纹理图案；"居中轴心"：勾选后，坐标轴移动至物体的中心位置。在"公差"输入"130"、勾选"居中轴心"后进行连接，如图 1-3-75 所示；在对象窗口中观察最终效果，如图 1-3-76 所示。

图 1-3-75　球体

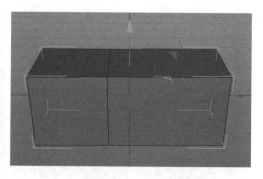

图 1-3-76　连接效果

（6）实例

即复制物体，但是比传统的复制方法更节省内存资源，制作更方便。

例如，在视图窗口中创建"立方体"与"圆柱"，如图 1-3-77 所示；选择"圆柱"后，在工具栏中选择"实例"命令，如图 1-3-78 所示。

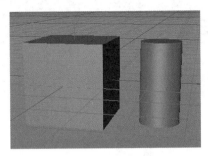

图 1-3-77　创建物体

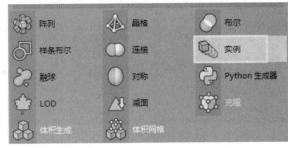

图 1-3-78　实例

在对象窗口出现"圆柱实例"，选择"圆柱实例"与"立方体"创建"布尔"效果，如图 1-3-79 所示；此时，创建一个"宝石"，如图 1-3-80 所示。

图 1-3-79　布尔效果

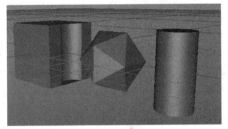

图 1-3-80　创建宝石

在对象窗口中将"宝石"拖动至属性窗口的"参考对象"中，如图 1-3-81 所示；此时，"宝石"延续了"圆柱实例"的属性，与"立方体"进行了布尔运算，在视图窗口观察物体的变化，如图 1-3-82 所示。

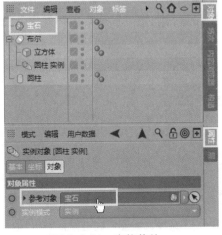

图 1-3-81　变换物体

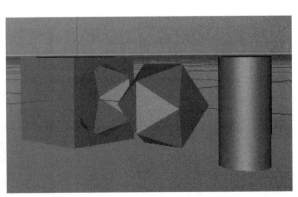

图 1-3-82　宝石布尔

（7）融球

例如，在视图窗口中创建两个"球体"，如图 1-3-83 所示；在工具栏中选择"融球"命令，如图 1-3-84 所示。

图 1-3-83　创建球体

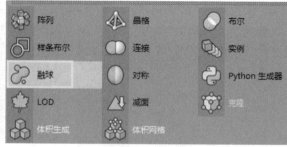

图 1-3-84　融球

在对象窗口中，将"球体"拖至"融球"之下，如图 1-3-85 所示；在视图窗口制作出"融球"效果，观察物体融球后的效果，如图 1-3-86 所示。

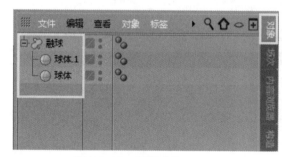

图 1-3-85　创建球体

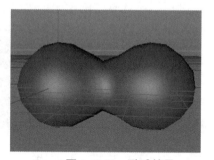

图 1-3-86　融球效果

在属性窗口中，对"融球"属性进行调节。"外壳数值"：调节融解程度和大小；"编辑器细分"：调节融球的细分数，值越小，融球越圆滑；"渲染器细分"：调节渲染时融球的细分数，值越小，融球越圆滑；"指数衰减"：勾选后，融球大小和圆滑程度有所衰减；"精确法线"：勾选后，利于法线的统一。在"外壳数值"输入"120"、"编辑器细分"输入"1"、"渲染器细分"输入"5"，如图 1-3-87 所示；在视图窗口观察"融球"最终效果，如图 1-3-88 所示。

图 1-3-87　创建球体

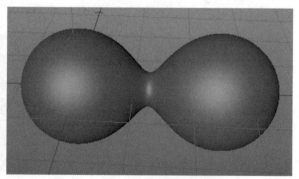

图 1-3-88　融球效果

（8）镜像

可以按选择轴向对多边形进行镜像复制，镜像出的物体将延续原物体的所有属性。

例如，在视图窗口中创建一个"球体"，按键盘"C"键，转换成多边形，如图1-3-89所示；选择一半的面级别，将其删除，如图1-3-90所示。

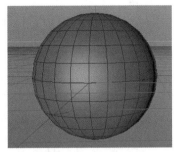
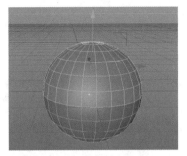

图1-3-89　创建球体　　　　　　　　图1-3-90　删除一半球体

在工具栏中选择"镜像"命令，在对象窗口中将"一半的球体"拖至"镜像"之下，如图1-3-91所示；在属性窗口中，对"镜像"属性进行调节。"镜像平面"：提供3种选择，分别为"XY""ZY""XZ"；"焊接点"：勾选后，自动连接点；"公差"：调节两个物体连接距离；"对称"勾选后，焊接点在镜像轴上在"镜像平面"选择"ZY"、勾选"焊接点"、"公差"设为"0.01"、勾选"对称"，如图1-3-92所示。

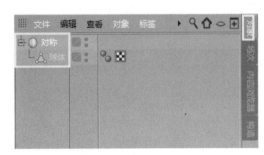

图1-3-91　创建球体　　　　　　　　图1-3-92　删除一半球体

此时，需要在"Y"轴方向进行复制，所以在"镜像平面"选择"X""Z"，如图1-3-93所示；在视图窗口观察"镜像"最终效果，如图1-3-94所示。

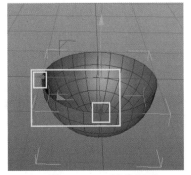
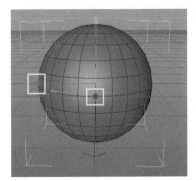

图1-3-93　镜像平面　　　　　　　　图1-3-94　镜像效果

（9）Python 生成器

使用编程语言来进行操作的窗口。

例如，在工具栏中选择"Python 生成器"命令，如图 1-3-95 所示；在属性窗口中，使用"Python 生成器"进行调节，如图 1-3-96 所示。

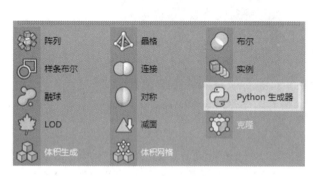

图 1-3-95　Python 生成器　　　　　图 1-3-96　Python 生成器效果

（10）LOD

LOD 也叫多细节层次，是根据物体所处位置进行显示与资源分配，降低非重要物体的面数和细节度，从而获得高效率运算速度。

导入扩展名称是"LOD"的文件，在属性窗口中，选择"LOD"命令，如图 1-3-97 所示；在对象窗口中，将"立方体 1、立方体 2、立方体 3"拖至"LOD"之下，如图 1-3-98 所示。

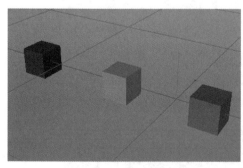
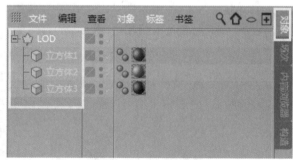

图 1-3-97　LOD 文件　　　　　　图 1-3-98　创建 LOD

在属性窗口中，对"LOD"属性进行调节。"LOD 模式"：细节层次的样式，提供 3 种选择，分别为"子级""手动分组""简化"；"标准"：按照不同的角度进行细节层次；"LOD 条"：细节层次显示的进度。在"标准"选择"屏幕尺寸 V"，如图 1-3-99 所示；此时在视图窗口中进行拖拽，不同的拖拽距离会显示出不同颜色的立方体，如图 1-3-100 所示。

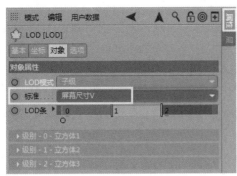

图 1-3-99 调节 LOD

图 1-3-100 LOD 效果

技能点四 曲线曲面建模

曲线曲面建模也称 NURBS（Non-Uniform Rational B-Splines 的缩写）建模，是一种十分优秀的建模方式，这种建模由曲线与曲面两部分组成。曲面建模能够很好地展现物体表面的曲度，从而创建出更逼真、生动的造型，其中样条曲线生成曲面也是重要的操作技能。

1. 样条曲线

曲线也称作样条曲线，通过绘制的点生成曲线，也可通过这些点来控制曲线，样条曲线结合其他命令可以生成三维模型，是一种基本的建模方法。选择"菜单""创建""样条"，所有样条曲线工具则会显示出来，如图 1-4-1 所示；也可在工具栏的快捷图标 中进行选择，如图 1-4-2 所示。

图 1-4-1 菜单中的样条　　　　　　图 1-4-2 工具栏中的样条

（1）画笔

"画笔"是创建样条曲线的基本工具，创建完成后，可以在属性窗口面板中选择曲线类型，其中包含了 5 种样条曲线类型，分别是"线性""立方""Akima""B-样条""贝塞尔"。虽然名称不同，但是创建样条曲线的操作方法基本相同，如图 1-4-3 所示；"贝塞尔"样条曲线是默认的曲线类型，也是工作中常用的曲线类型。样条曲线是在平面视图中进行创建的，例如"顶视图""右视图""正视图"。在视图中单击一次即可绘制一个控制点，绘制两个或两个以上的点时，点与点之间就会生成一条曲线。如果在绘制控制点时，按住鼠标不放，且进行拖拽，则出现一个手柄，可以控制曲线的形状（需要注意的是，通常曲线上最后的点要连接上第一个点），如图 1-4-4 所示。

图 1-4-3　样条曲线类型

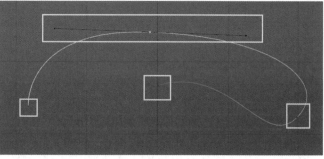

图 1-4-4　贝塞尔样条曲线

"线性"样条的点与点之间生成的是直线，如图 1-4-5 所示；"立方"样条可以绘制出曲线，通常第二个点的位置，控制与前一个点生成曲线的弯度，如图 1-4-6 所示。

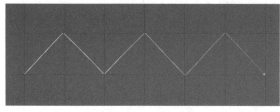

图 1-4-5　线性样条

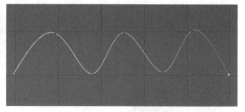

图 1-4-6　立方样条

"Akima"样条绘制的曲线弯曲，接近控制点的路径，所以生成的曲线更自然，如图 1-4-7 所示；"B-样条"当控制点超过 3 个时，将按照控制点的平均值生成曲线，如图 1-4-8 所示。

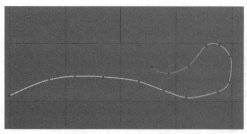

图 1-4-7　Akima 样条

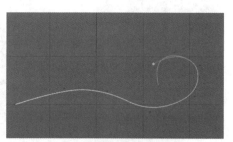

图 1-4-8　B-样条

（2）草绘/平滑样条

在工具栏的快捷图标中选择"草绘" 🖋 工具，"草绘"其实就是把鼠标当作真实的画笔去使用，绘制出样条效果。通常使用手绘板能较好地控制"草绘"工具，如图1-4-9所示；在工具栏的快捷图标中选择"平滑样条" 🖋 工具，"平滑样条"沿着曲线进行涂抹，可将不规则的曲线生成圆滑曲线，如图1-4-10所示。

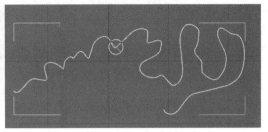

图1-4-9　草绘工具　　　　　　　　　　图1-4-10　平滑样条工具

（3）样条弧线工具

在工具栏的快捷图标中选择"样条弧线工具" 🖋 ，可以简便快速地生成弧形曲线。在绘制时，需要单击鼠标后拖动出一条曲线，然后就可以再次拖动鼠标生成曲线，若确认生成曲线的弧度，需要按住鼠标进行拖动，曲线内部呈现出表盘样式即可，如图1-4-11所示；生成的曲线上自动生成许多"贝塞尔手柄"，可以调节改变曲线形状，如图1-4-12所示。

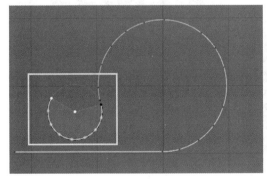
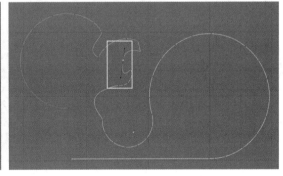

图1-4-11　绘制弧线　　　　　　　　　　图1-4-12　调节贝塞尔手柄

（4）圆弧

在工具栏中选择"圆弧"命令，创建一段"圆弧"，如图1-4-13所示。在属性窗口中，对"圆弧"属性进行调节。"类型"：圆弧对象包含"圆弧""扇区""分段""环状"4种类型；"半径"：调节圆弧的半径；"开始角度"：调节圆弧的起始位置；"结束角度"：调节圆弧的末点位置；"平面"：调节圆弧的方向位置；"反转"：勾选后，反转圆弧的起始方向，如图1-4-14所示。

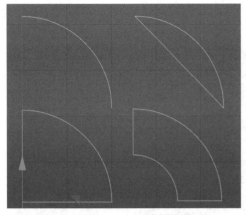

图 1-4-13　绘制圆弧

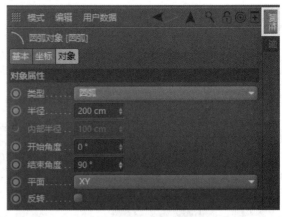

图 1-4-14　圆弧属性

（5）圆环

在工具栏中选择"圆环"命令，创建一个"圆环"，如图 1-4-15 所示。在属性窗口中，对"圆环"属性进行调节。"椭圆／环状"：勾选椭圆选项后变成椭圆/勾选环状选项后变成同心圆；"半径"：用于调节圆环/椭圆的半径；"内部半径"：用于调节"环状"内部同心圆半径；"平面"：调节圆环的方向位置；"反转"：勾选后，反转圆环的起始方向，如图 1-4-16 所示。

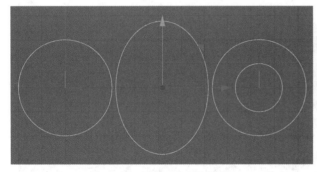

图 1-4-15　圆环类型

图 1-4-16　圆环属性

（6）螺旋

在工具栏中选择"螺旋"命令，创建一个"螺旋"，如图 1-4-17 所示。在属性窗口中，对"螺旋"属性进行调节。"起始半径／终点半径"：调节螺旋起点和终点的半径大小；"开始角度／结束角度"：调节螺旋的长度；"半径偏移"：调节螺旋半径的偏移程度；"高度"：调节螺旋的长度；"高度偏移"：调节螺旋长度的偏移程度；"细分数"：调节细分程度，值越高越圆滑；"平面"：调节螺旋的方向位置；"反转"：勾选后，反转螺旋的起始方向，如图 1-4-18 所示。

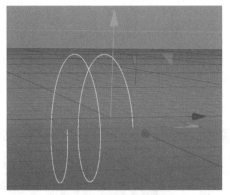

图 1-4-17　绘制螺旋

图 1-4-18　螺旋属性

（7）多边形

在工具栏中选择"多边形"命令，创建一个"多边形"，如图 1-4-19 所示。在属性窗口中，对"多边形"属性进行调节。"半径"：调节多边形的半径大小；"侧边"：设置多边形的边数，默认为六边形；"圆角／半径"：勾选后，多边形曲线变成圆角多边形曲线/半径控制圆角大小；"平面"：调节多边形的方向位置；"反转"：勾选后，反转螺旋的起始方向，如图 1-4-20 所示。

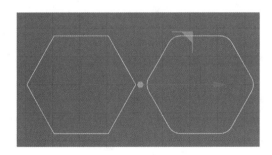

图 1-4-19　绘制多边形

图 1-4-20　多边形属性

（8）矩形

在工具栏中选择"矩形"命令，创建一个"矩形"，如图 1-4-21 所示。在属性窗口中，对"矩形"属性进行调节。"宽度／高度"：调节矩形的高度和宽度；"圆角"：勾选后，矩形将变成圆角矩形/半径控制圆角大小；"平面"：调节矩形的方向位置；"反转"：勾选后，反转矩形的起始方向，如图 1-4-22 所示。

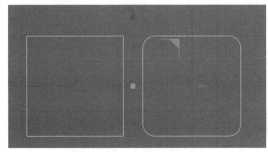

图 1-4-21　绘制矩形

图 1-4-22　矩形属性

（9）星形

在工具栏中选择"星形"命令，创建一个"星形"，如图 1-4-23 所示。在属性窗口中，对"星形"属性进行调节。"内部半径／外部半径"：调节星形内部和外部的半径大小；"螺旋"：调节星形内部控制点的位置；"平面"：调节星形的方向位置；"反转"：勾选后，反转星形的起始方向，如图 1-4-24 所示。

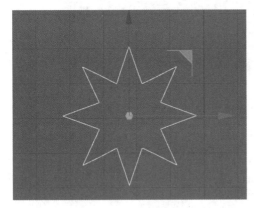

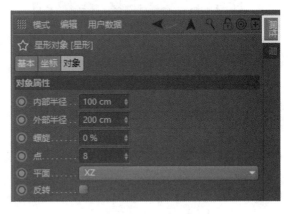

图 1-4-23　绘制星形　　　　　　　　　　　图 1-4-24　星形属性

（10）文本

在工具栏中选择"文本"命令，创建一个"文本"，如图 1-4-25 所示。在属性窗口中，对"文本"属性进行调节。"文本"：输入需要创建的文字；"字体"：选择字体；"对齐"：调节文字的对齐方式，包括"左、中、右"3 种对齐方式；"高度"：调节文字的高度；"水平间隔"调节横排间隔距离；"垂直间隔"：调节竖排文字的间隔距离；"分隔字母"：勾选后，当文本转化成多边形，文字会变成各自独立的对象；"显示 3D 界面"勾选后，可对文本进行更多的属性调节；"平面"：调节文本的方向位置；"反转"：勾选后，反转文本的起始方向，如图 1-4-26 所示。

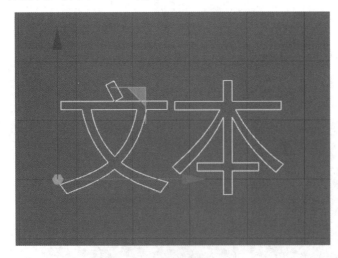

图 1-4-25　绘制文本　　　　　　　　　　　图 1-4-26　文本属性

（11）矢量化

需要载入的纹理图像，如图 1-4-27 所示。在工具栏中选择"矢量化"命令，创建一个"矢量化"，在"纹理"载入需要的纹理图像，如图 1-4-28 所示。在属性窗口中，对"矢量化"属性进行调节；"纹理"：默认是一个空白对象，当载入纹理图像以后，系统会根据图像明暗对比生成曲线；"宽度"：调节曲线的整体宽度；"公差"：调节曲线的精细程度；"平面"：调节矢量化的方向位置；"反转"：勾选后，反转矢量化的起始方向。本案例在"公差"输入"0"，如图 1-4-29 所示，最终生成曲线效果，如图 1-4-30 所示。

图 1-4-27　载入图像　　　　　　　　　　图 1-4-28　生成纹理

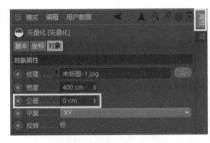

图 1-4-29　调节属性　　　　　　　　　　图 1-4-30　矢量化效果

（12）四边

在工具栏中选择"四边"命令，创建一个"四边"曲线，如图 1-4-31 所示。在属性窗口中，对"四边"属性进行调节。"类型"：提供了"菱形""风筝""平行四边形""梯形"4 种选择；"A/B"：调节四边形在水平方向的长度/垂直方向上的长度；"角度"：只有在"类型"中选择"平行四边形"或"梯形"时，才被激活，用于调节曲线的角度；"平面"：调节四边形的方向位置；"反转"：勾选后，反转四边的起始方向，如图 1-4-32 所示。

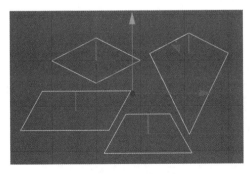

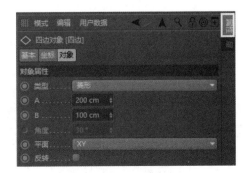

图 1-4-31　创建四边　　　　　　　　　　图 1-4-32　四边属性

（13）蔓叶类曲线

在工具栏中选择"蔓叶类曲线"命令，创建一个"蔓叶类曲线"曲线，如图 1-4-33 所示。在属性窗口中，对"蔓叶类曲线"属性进行调节。"类型"：包含"蔓叶""双扭""环索"三种类型；"宽度"：调节蔓叶类曲线的大小；"张力"：调节曲线之间张力伸缩的大小，但是不能控制"双扭"类型的曲线；"平面"：调节蔓叶类曲线的方向位置；"反转"：勾选后，反转蔓叶类曲线的起始方向，如图 1-4-34 所示。

图 1-4-33　创建蔓叶类曲线

图 1-4-34　蔓叶类曲线属性

（14）齿轮

在工具栏中选择"齿轮"命令，创建一个"齿轮"曲线，如图 1-4-35 所示。在属性窗口中，对"齿轮"属性进行调节。"传统模式"：勾选后，齿轮调节属性与之前版本相同；"显示引导"：齿轮上生成控制器；"引导颜色"：调节齿轮控制器的颜色；"平面"：调节齿轮的方向位置；"反转"：勾选后，反转齿轮的起始方向，如图 1-4-36 所示。

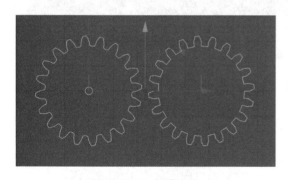

图 1-4-35　创建齿轮

图 1-4-36　齿轮属性

（15）摆线

在工具栏中选择"摆线"命令，创建一个"摆线"曲线，如图 1-4-37 所示。在属性窗口中，对"摆线"属性进行调节。"类型"：包含"摆线""外摆线""内摆线"3 种类型；"半径"：调节摆线的半径大小；"r"："类型"选择"外摆线"和"内摆线"时，才能被激活使用，调节动圆的大小；"a"：调节固定点与动圆半径的距离；"开始角度 / 结束角度"：调节摆线的起始位置和结束位置；"平面"：调节摆线的方向位置；"反转"：勾选后，反转摆线的起始方向，如图 1-4-38 所示。

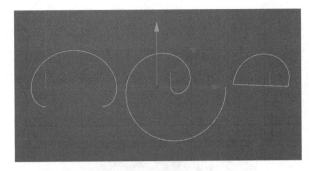

图 1-4-37　创建摆线　　　　　　　　　图 1-4-38　摆线属性

（16）公式

在工具栏中选择"公式"命令，创建一个"公式"曲线，如图 1-4-39 所示。在属性窗口中，对"公式"属性进行调节。"X(t)/Y(t)/Z(t)"：在此三个文本框内输入数学函数公式将生成曲线；"Tmin/Tmax"：调节公式中 t 参数的最大值和最小值；"采样"：调节曲线的采样精度；"立方插值"：勾选后，曲线将变得平滑；"平面"：调节公式的方向位置；"反转"：勾选后，反转公式的起始方向，如图 1-4-40 所示。

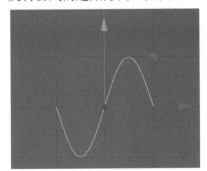

图 1-4-39　创建公式　　　　　　　　　图 1-4-40　公式属性

（17）花瓣

在工具栏中选择"花瓣"命令，创建一个"花瓣"曲线，如图 1-4-41 所示。在属性窗口中，对"花瓣"属性进行调节。"内部半径 / 外部半径"：调节花瓣曲线内部和外部的半径；"花瓣"：调节花瓣曲线的数量；"平面"：调节花瓣的方向位置；"反转"：勾选后，反转公式的起始方向，如图 1-4-42 所示。

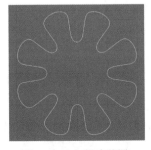

图 1-4-41　创建花瓣　　　　　　　　　图 1-4-42　花瓣属性

（18）轮廓

在工具栏中选择"轮廓"命令，创建一个"轮廓"曲线，如图 1-4-43 所示。在属性窗口中，对"轮廓"属性进行调节。"类型"：包含"H 形状/L 形状/T 形状/U 形状/Z 形状/"；"高度"：调节轮廓曲线的整体高度；"b/s/t"：调节轮廓曲线的整体宽度/内部宽度/内部高度；"平面"：调节轮廓的方向位置；"反转"：勾选后，反转轮廓的起始方向，如图 1-4-44所示。

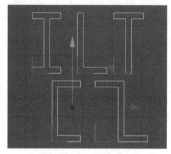

图 1-4-43　创建轮廓

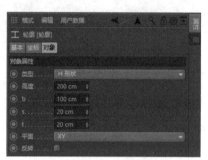

图 1-4-44　轮廓属性

2. 曲线转换曲面方法

曲面也称 NURBS，是非均匀有理样条曲线（Non-Uniform Rational B-Splines）的缩写。曲面能够很好地控制物体表面的曲度，制作出真实且生动的模型，是一种便捷的建模方式。在 Cinema 4D 中包含 6 种转换曲面方法，分别是"细分曲面""挤压""旋转""放样""扫描"和"贝塞尔"。选择"菜单—创建—生成器"，生成曲面命令则会显示出来，如图 1-4-45所示；也可在工具栏的快捷图标 中进行选择，如图 1-4-46 所示。

图 1-4-45　菜单中的曲面命令

图 1-4-46　工具栏中的曲面命令

（1）细分曲面

使用"细分曲面"命令的时候，需要将物体放置到"细分曲面"的子级别，物体表面会被细分，变得圆滑。

在工具栏中单击"细分曲面"命令，再选择"菜单—创建—对象"中"立方体"，如图1-4-47 所示；在对象窗口中，将"立方体"放置在"细分曲面"的子级别上，如图 1-4-48所示。

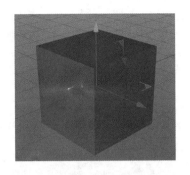

图 1-4-47　立方体

图 1-4-48　对象窗口

在透视视图中观察此时的"立方体",如图 1-4-49 所示。在属性窗口中,对"细分曲面"属性进行调节,"类型"包含"Catmull-Clark""Catmull-Clark(N-Gons)""OpenSubdiv Catmull-Clark""OpenSubdiv Catmull-Clark(自适应)""OpenSubdiv Loop""OpenSubdiv Bilinear";"编辑器细分":调节细分的程度;"渲染器细分":调节渲染时显示出的细分程度;"细分 UV":选择 UV 的显示模式,包含"标准""边界""边",如图 1-4-50 所示。

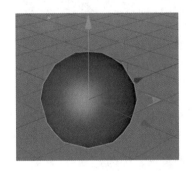

图 1-4-49　细分曲面的立方体

图 1-4-50　细分曲面属性

（2）旋转

旋转可将二维曲线围绕相应轴向进行旋转生成三维的模型。

使用"画笔"工具绘制出样条曲线形状,如图 1-4-51 所示。在工具栏中单击"旋转"命令,在对象窗口中,将"样条"放置在"旋转"的子级别上,如图 1-4-52 所示。

图 1-4-51　样条曲线

图 1-4-52　对象窗口

在透视视图中观察此时的"样条"生成的模型,如图 1-4-53 所示。在属性窗口中,对

"旋转"属性进行调节。"角度"：调节样条曲线旋转的角度；"细分数"：调节旋转对象的细分数量；"网格细分"：调节等参线的细分数量；"移动"：调节旋转对象纵向移动的距离；"比例"：调节旋转对象纵向移动的距离比例；"反转法线"调节法线的方向，如图 1-4-54 所示。

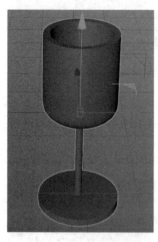

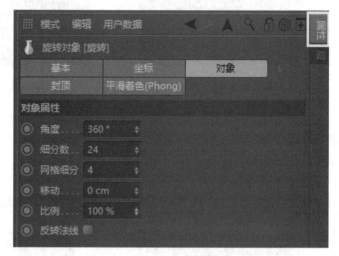

图 1-4-53　旋转样效果　　　　　　　　　图 1-4-54　旋转属性

（3）扫描

扫描可以将一个曲线形状，沿另一条样条曲线（起到路径作用）生成三维模型。

创建"星型"样条与"样条"曲线路径，如图 1-4-55 所示；在工具栏中单击"扫描"命令，在对象窗口中，将"星型"与"样条"放置在"扫描"的子级别上（需要注意"星型"与"样条"的顺序，若顺序不同，生成的三维模型效果也会不同），如图 1-4-56 所示。

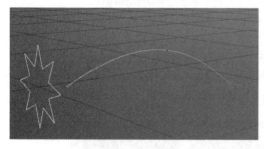

图 1-4-55　样条曲线　　　　　　　　　　图 1-4-56　对象窗口

在透视视图中观察此时"扫描"生成的模型，如图 1-4-57 所示。在属性窗口中，对"旋转"属性进行调节。"网格细分"：调节模型的细分数量；"终点缩放"：调节生成的模型在路径终点的缩放比例；"结束旋转"：调节生成的模型在路径终点时的旋转角度；"开始生长 / 结束生长"：调节生成的模型起点和终点的位置，如图 1-4-58 所示。

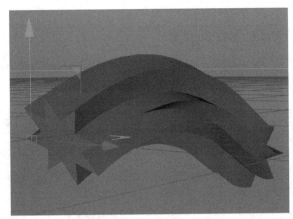 

图 1-4-57 扫描效果　　　　图 1-4-58 扫描属性

（4）挤压

挤压可以将样条曲线挤出生成三维模型。

创建"花瓣"样条，如图 1-4-59 所示。在工具栏中单击"挤压"命令，在对象窗口中，将"花瓣"放置在"挤压"的子级别上，如图 1-4-60 所示。

图 1-4-59 花瓣样条　　　　图 1-4-60 对象窗口

在透视视图中观察此时的"挤压"生成的模型，如图 1-4-61 所示。在属性窗口中，对"挤压"属性进行调节。"移动"：调节在"XYZ"轴向上的挤出距离；"细分数"：调节细分数量；"等参细分"：调节等参线的细分数量；"反转法线"：勾选后，反转法线的方向；"层级"：勾选后，若转化成多边形，将可以按照层级进行显示，如图 1-4-62 所示。

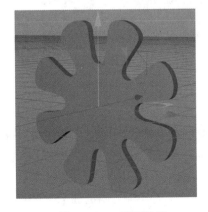 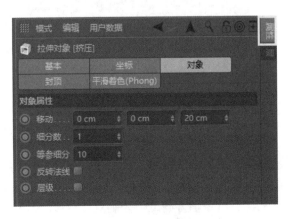

图 1-4-61 挤压效果　　　　图 1-4-62 挤压属性

（5）放样

放样可根据两条或多条样条曲线的形状生成三维模型。

创建"星型"样条与"样条"曲线路径，如图 1-4-63 所示。在工具栏中单击"挤压"命令，在对象窗口中，将"花瓣"放置在"挤压"的子级别上，如图 1-4-64 所示。

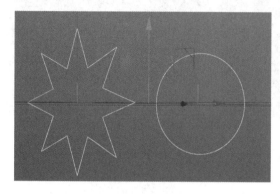

图 1-4-63　样条曲线　　　　　　　　　　图 1-4-64　对象窗口

在透视视图中观察此时的"放样"生成的模型，如图 1-4-65 所示。在属性窗口中，对"放样"属性进行调节。"网孔细分 U/网孔细分 V"：调节网孔在 U 方向（沿圆周的截面方向）和 V 方向（纵向）上的细分数量；"网格细分 U"：调节等参线的细分数量；"有机表格"：勾选后，放样时不参照各对应点生成模型，而是自由地构建；"循环"：勾选后，样条曲线不生成模型；"调整 UV"：整理"UV"的形状；"每段细分"：勾选后，V 方向（纵向）上的网格细分就会根据"网孔细分 V"中的参数均匀细分；"线性插值"：勾选后，样条曲线之间将使用线性插值计算；"反转法线"：勾选后，反转法线的方向，如图 1-4-66 所示。

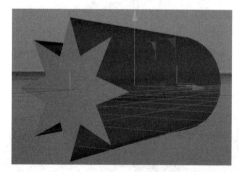 

图 1-4-65　放样效果　　　　　　　　　　图 1-4-66　放样属性

（6）贝塞尔

贝塞尔不需要任何子级别对象，就能创建出三维模型。

在工具栏中单击"贝塞尔"命令，在透视视图中观察"贝塞尔"模型，如图 1-4-67 所示。在属性窗口中，对"贝塞尔"属性进行调节。"水平细分"：调节"X"轴向上的网格细分数量；"垂直细分"：调节"Y"轴向上的网格细分数量；"水平网点"/"垂直网点"：调节"X"/"Y"轴方向上的控制点数量；"水平封闭"：勾选后，X 轴方向的曲面封闭；"垂直封闭"：勾选后，Y 轴方向的曲面封闭，如图 1-4-68 所示。

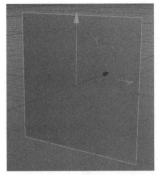

图 1-4-67　贝塞尔模型

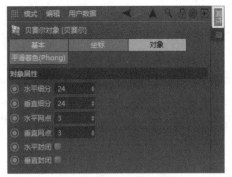

图 1-4-68　贝塞尔属性

在"贝塞尔"属性中，先勾选"水平封闭"与"垂直封闭"，然后分别在"水平细分"与"垂直细分"输入"50"，"水平网点"与"垂直网点"输入"6"，如图 1-4-69 所示；在透视视图中观察贝塞尔模型的变化，如图 1-4-70 所示。

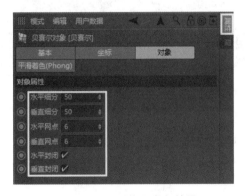

图 1-4-69　调节贝塞尔效果

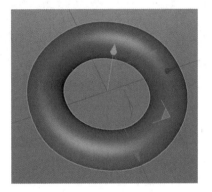

图 1-4-70　贝塞尔效果

3. 曲线编辑常用命令

曲线是通过对"控制点"的调节进而得到各种形状。当将"曲线"转换成可编辑对象后，单击"点级别"后可以选择"菜单—网格—样条"中的命令对"控制点"进行编辑，如图 1-4-71 所示。但是，在实际工作中经常使用的方法是，选择"点"级别，单击鼠标右键，在弹出的菜单中选择编辑命令，如图 1-4-72 所示，下面就对鼠标右键弹出的编辑命令进行介绍。

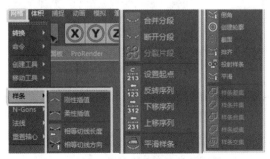

图 1-4-71　菜单中的曲线编辑工具

图 1-4-72　鼠标右键中的曲线编辑工具

（1）撤销（动作）

此命令指撤销当前的操作，恢复到前一个编辑状态（或按键盘快捷键 Ctrl+Z）。

（2）框显选取元素

此命令指把选中的目标（点/边/面）最大化显示（或按键盘快捷键 S）。

（3）刚性插值

此命令将曲线变得生硬形成夹角效果，如图 1-4-73 所示。

（4）柔性插值

此命令将曲线变得圆滑有弧度，如图 1-4-74 所示。

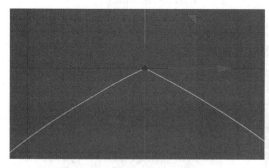

图 1-4-73　刚性插值　　　　　　　　　图 1-4-74　柔性插值

（5）相等切线长度

此命令可使手柄两侧的长度相同，如图 1-4-75 所示。

（6）相等切线方向

此命令可使手柄两侧变平直，且在同一条直线上，如图 1-4-76 所示。

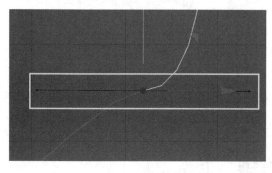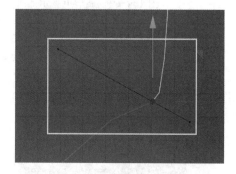

图 1-4-75　相等切线长度　　　　　　　图 1-4-76　相等切线方向

（7）合并分段

此命令可将同一曲线内的两段非闭合曲线,选择首点或尾点,可使两条曲线连成一条。绘制两条曲线（注意，需要在同一曲线内），如图 1-4-77 所示；单击"合并分段"观察效果，如图 1-4-78 所示。

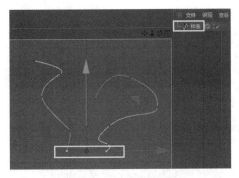
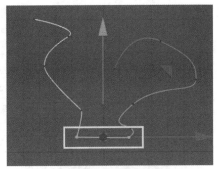

图 1-4-77　绘制曲线　　　　　　　图 1-4-78　合并分段效果

（8）断开分段

此命令选择一非闭合曲线任意一点（不可选择首尾点），可使此点相邻的线段被去除，此点变成一个孤立的点。在曲线上选择一个点，如图 1-4-79 所示；单击"断开分段"观察效果，如图 1-4-80 所示。

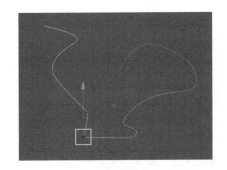

图 1-4-79　选择点　　　　　　　　图 1-4-80　断开分段效果

（9）分裂片段

此命令可使由多条曲线组成的形状变成各自独立的曲线。使用"文本"创建"C4D"（注意，此时对象窗口的"文本"是一体），如图 1-4-81；使用"分裂片段"后，在对象窗口观察"文本"变化，如图 1-4-82 所示。

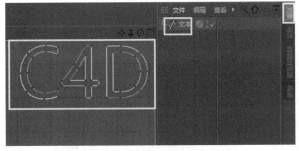
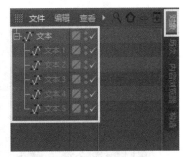

图 1-4-81　创建文本　　　　　　　图 1-4-82　分裂片段效果

（10）设置起点

在闭合曲线中选择任意一点，可将其设置成起始点，如图 1-4-83 所示；在非闭合曲线中，只能选择首点或尾点及逆行设置，如图 1-4-84 所示。

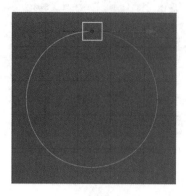
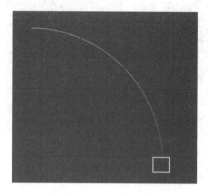

图 1-4-83　闭合曲线设置起点　　　　图 1-4-84　非闭合曲线设置起点

（11）反转序列

无论是闭合曲线或非闭合曲线，都可以用来反转曲线的方向，如图 1-4-85 所示。

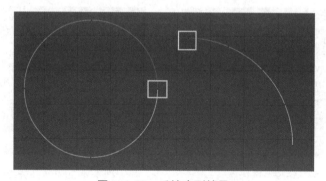

图 1-4-85　反转序列效果

（12）下移序列

在闭合曲线中，起始点变成曲线上的第二个点，如图 1-4-86 所示。

（13）上移序列

在闭合曲线中，起始点变成曲线上倒数第二个点，如图 1-4-87 所示。

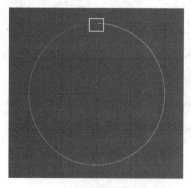
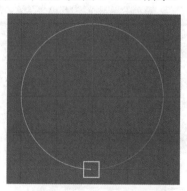

图 1-4-86　下移序列效果　　　　图 1-4-87　上移序列效果

（14）创建点

此命令可以在曲线上单击增添"点"级别，如图 1-4-88 所示。

（15）磁铁

此命令可以对选择的"点"级别进行"笔刷"软选择的移动，如图 1-4-89 所示。

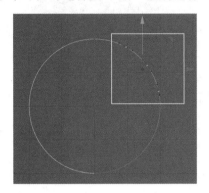

图 1-4-88　创建点效果

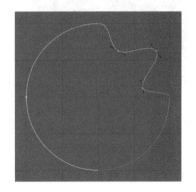

图 1-4-89　磁铁效果

技能点五　多边形建模

多边形建模是目前最主流的建模方式，通过调节模型上的"点""边""面"得到一个布线合理、细节丰富的模型。通常在多边形建模中，应以"四边面"进行创建，尽量避免"三角面"的出现。"四边面"的优势在于更符合物体形状的走向，便于后期制作动画时动作的准确性。

1. 多边形几何体

选择"菜单—创建—对象"，多边形几何体则会显示出来，如图 1-5-1 所示；也可在工具栏的快捷图标■中进行选择，如图 1-5-2 所示。

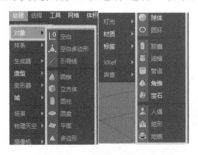

图 1-5-1　菜单中的几何体

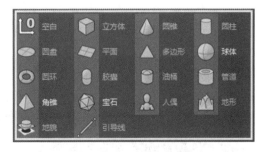

图 1-5-2　工具栏中的几何体

创建多边形几何体后，选择菜单"网格—转换—转为可编辑对象"或是按键盘快捷键"C"，如图 1-5-3 所示；或是在"编辑模式工具栏"中点击快捷图标■，如图 1-5-4 所示。

图 1-5-3　转为可编辑对象　　　图 1-5-4　编辑模式工具栏中的快捷图标

　　转换成多边形几何体后，可以使用"编辑模式工具栏"中"模型" /"点" /"边" /"面" /进行调节（按回车键可以在"点/边/面"模式之间进行切换），如图 1-5-5 所示，在透视图中观察模型变化，如图 1-5-6 所示。

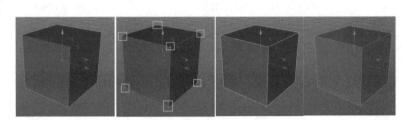

图 1-5-5　编辑模式工具栏　　　　　　　图 1-5-6　模型/点/边/面效果

（1）立方体

　　立方体是建模中最常用的几何体，基本上现实中的物体，都可以通过对立方体的编辑制作出来。在工具栏中选择"立方体"，在属性窗口中可以调节其属性。"尺寸 X/Y/Z"：调节立方体的长、宽、高；"分段 X/Y/Z"：调节立方体"X/Y/Z"轴向的分段数；"分离表面"：勾选后，再使用"转为可编辑对象"，"立方体"就会被分离为 6 个平面；"圆角"：勾选后，激活"圆角半径"与"圆角细分"；"圆角半径"：调节倒角的大小；"圆角细分"：调节倒角圆滑程度。在"分段 X/Y/Z"分别输入"10"，勾选"圆角"，"圆角半径"输入"8"，"圆角细分"输入"4"，如图 1-5-7 所示，在透视图中观察"立方体"效果，如图 1-5-8 所示。

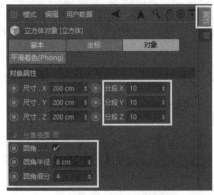
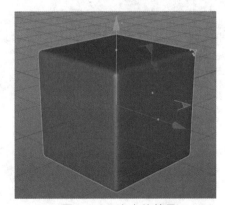

图 1-5-7　立方体属性　　　　　　　　图 1-5-8　立方体效果

（2）圆锥

在工具栏中选择"圆锥"，在属性窗口中可以调节其属性。"顶部半径／底部半径"：调节圆锥顶部和底部半径大小；"高度"：调节圆锥的高度；"高度分段／旋转分段"：调节高度和纬度上的分段数；"方向"：调节圆锥的方向。在"顶部半径"输入"40"，"旋转分段"输入"6"，如图 1-5-9 所示；在透视图中观察"圆锥"效果，如图 1-5-10 所示。

图 1-5-9　圆锥属性

图 1-5-10　圆锥效果

（3）圆柱

在工具栏中选择"圆柱"，在属性窗口中可以调节其属性。"半径"：调节圆柱半径大小；"高度"：调节圆柱的高度；"高度分段／旋转分段"：调节高度和纬度上的分段数；"方向"：调节圆柱方向。在"半径"输入"120"，"旋转分段"输入"8"，如图 1-5-11 所示；在透视图中观察"圆柱"效果，如图 1-5-12 所示。

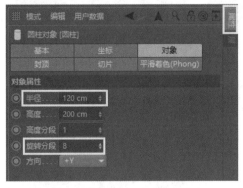

图 1-5-11　圆柱属性

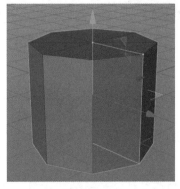

图 1-5-12　圆柱效果

（4）圆盘

在工具栏中选择"圆盘"，在属性窗口中可以调节其属性。"内部半径"：使圆盘变成圆环状平面，调节内部的半径大小；"外部半径"：调节圆盘外部半径大小；"圆盘分段／旋转分段"：调节平面和纬度上的分段数；"方向"：调节圆盘方向。在"内部半径"输入"30"，"旋转分段"输入"6"，如图 1-5-13 所示；在透视图中观察"圆盘"效果，如图 1-5-14 所示。

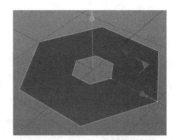

图 1-5-13　圆盘属性　　　　　　　　　　图 1-5-14　圆盘效果

（5）平面

在工具栏中选择"平面"，在属性窗口中可以调节其属性。"宽度/高度"：调节"平面"的宽度与高度的大小；"宽度分段/高度分段"：调节"平面"的宽度与高度的线段数量；"方向"：调节平面方向，如图 1-5-15 所示；在透视图中观察"平面"效果，如图 1-5-16 所示。

图 1-5-15　平面属性　　　　　　　　　　图 1-5-16　平面效果

（6）多边形

在工具栏中选择"多边形"，在属性窗口中可以调节其属性。"宽度/高度"：调节"多边形"的宽度与高度的大小；"分段"：调节"多边形"的宽度与高度的线段数量；"三角形"：勾选后，"多边形"变成"三角"形状；"方向"：调节多边形方向。勾选"三角形"，如图 1-5-17 所示；在透视图中观察"多边形"效果，如图 1-5-18 所示。

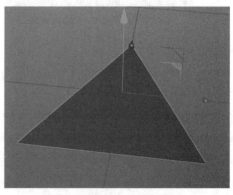

图 1-5-17　多边形属性　　　　　　　　　图 1-5-18　多边形效果

（7）球体

在工具栏中选择"球体"，在属性窗口中可以调节其属性。"半径"：设置球体的半径；"分段"：调节球体的分段数；"类型"：包含 6 种类型，分别是"标准""四面体""六面体""八面体""二十面体"和"半球体"；"理想渲染"：勾选后，可以节省计算机内存，提升渲染质量。在"分段"输入"3"，"类型"选择"二十面体"，如图 1-5-19 所示；在透视图中观察"球体"效果，如图 1-5-20 所示。

图 1-5-19 球体属性

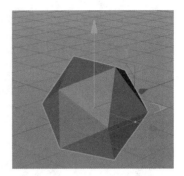

图 1-5-20 球体效果

（8）圆环

在工具栏中选择"圆环"，在属性窗口中可以调节其属性。"圆环半径"：调节圆环半径的大小；"圆环分段"：调节圆环的分段数；"导管半径"：调节圆环的粗细；"导管分段"：调节管状的分段数；"导管半径"：调节管状的分段数；"方向"：调节圆环方向。在"圆环分段"输入"6"，"导管分段"输入"6"，如图 1-5-21 所示；在透视图中观察"圆环"效果，如图 1-5-22 所示。

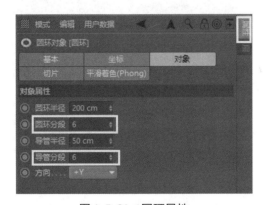

图 1-5-21 圆环属性

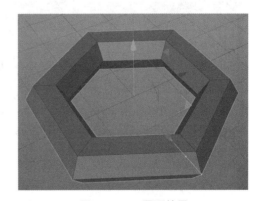

图 1-5-22 圆环效果

（9）胶囊

在工具栏中选择"胶囊"，在属性窗口中可以调节其属性。"半径"：调节胶囊的粗细；"高度"：调节胶囊的高低；"高度分段"：调节胶囊中间部分的分段数；"封顶分段"：调节胶囊上下部分的分段数；"旋转分段"调节胶囊纵向的分段数；"方向"：调节胶囊方向。在"高度分段"输入"1"，"封顶分段"输入"1"，"旋转分段"输入"6"，如图 1-5-23 所示；在透视图中观察"胶囊"效果，如图 1-5-24 所示。

（10）油桶

在工具栏中选择"油桶"，在属性窗口中可以调节其属性。"半径"：调节油桶的粗细；"高度"：调节油桶的高低；"高度分段"：调节高低中间部分的分段数；"封顶高度"：调节油桶圆滑的范围；"封顶分段"：调节油桶上下部分的分段数；"旋转分段"调节油桶纵向的分段数；"方向"：调节油桶方向。在"封顶高度"输入"80"，如图1-5-25所示；在透视图中观察"油桶"效果，如图1-5-26所示。

图1-5-23　胶囊属性

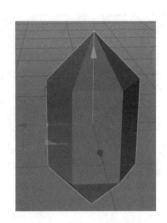

图1-5-24　胶囊效果

图1-5-25　油桶属性

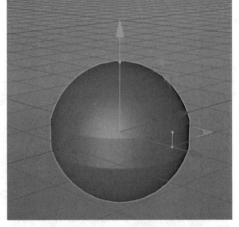

图1-5-26　油桶效果

（11）管道

在工具栏中选择"管道"，在属性窗口中可以调节其属性。"内部半径"：使管道变成圆环状平面，调节内部的半径大小；"外部半径"：调节管道外部半径大小；"旋转分段"：调节纬度上的分段数；"封顶分段"：调节管道上下部分的分段数；"旋转分段"调节管道纵向的分段数；"高度"：调节管道的高度；"高度分段"：调节管道高度的分段数；"方向"：调节管道方向；"圆角"勾选后，圆滑管道的边角，同时激活"分段"与"半径"。在"内部半径"输入"130"，"外部半径"输入"150"，"旋转分段"输入"8"，勾选"圆角"，"分段"输入"2"，"半径"输入"4"，如图1-5-27所示；在透视图中观察"管道"效果，如

图 1-5-28 所示。

（12）角锥

在工具栏中选择"角锥"，在属性窗口中可以调节其属性。"尺寸"：调节角锥"长宽高"的大小；"分段"：调节角锥上的分段数（底面分段布线是四边形，其他面分段布线是三角形）；"方向"：调节角锥方向，如图 1-5-29 所示；在透视图中观察"角锥"效果，如图 1-5-30所示。

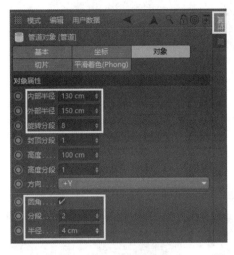

图 1-5-27　管道属性

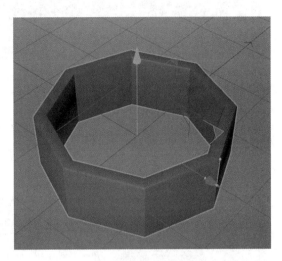

图 1-5-28　管道效果

图 1-5-29　角锥属性

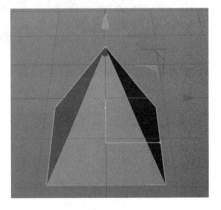

图 1-5-30　角锥效果

（13）宝石

在工具栏中选择"宝石"，在属性窗口中可以调节其属性。"半径"：调节宝石的大小；"分段"：调节宝石各面的分段数；"类型"：包含"四面""六面""八面""十二面""二十面""碳原子"。在"分段"输入"15"，"类型"选择"碳原子"，如图 1-5-31 所示；在透视图中观察"宝石"效果，如图 1-5-32 所示。

图 1-5-31 宝石属性

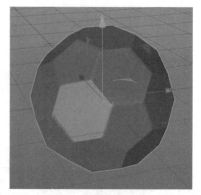

图 1-5-32 宝石效果

（14）人偶

在工具栏中选择"人偶"，在属性窗口中可以调节其属性。"高度"：调节人偶的大小；"分段"：调节人偶的分段数，如图 1-5-33 所示；在透视图中观察"人偶"效果，如图 1-5-34 所示。

图 1-5-33 人偶属性

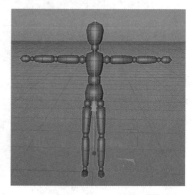

图 1-5-34 人偶效果

（15）地形

在工具栏中选择"地形"，在属性窗口中可以调节其属性。"宽度分段／深度分段"：调节地形的宽度与深度的分段数；"粗糙褶皱／精细褶皱"：调节地形褶皱的粗糙和精细程度；"缩放"：调节地形褶皱的大小；"海平面"：调节海平面的高度，数值越大，底部越平坦；"地平面"：调节地平面的高度，数值越小，顶部越平坦（但当数值是"0"时，形状更趋于平面）；"方向"：调节地形方向；"多重不规则"：产生不同的形态；"随机"：产生随机的效果；"限于海平面"：勾选后，地形与海平面的过渡更自然；"球状"：勾选后，地形变成球形结构。在"粗糙褶皱／精细褶皱"分别输入"100"，"海平面"输入"40"，"随机"输入"6"，如图 1-5-35 所示；在透视图中观察"地形"效果，如图 1-5-36 所示。

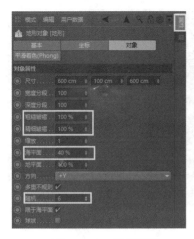 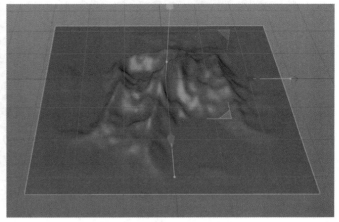

图 1-5-35 地形属性　　　　　　　　　　图 1-5-36 地形效果

（16）地貌

地貌是系统通过纹理图像来显示地貌。在属性窗口中可以调节其属性，"纹理"：导入纹理图像的通道；"尺寸"：调节地貌的"长宽高"；"宽度分段／深度分段"：调节地貌宽度与深度的分段数；"底部级别／顶部级别"：调节地貌从上往下或从下往上的细节显示级别（类似地形"海平面"与"地平面"）；"方向"：调节地貌方向；"球状"：勾选后，地貌变成球形结构。在"纹理"导入"地貌"，如图 1-5-37 所示，在透视图中观察"地貌"效果，如图 1-5-38 所示。

 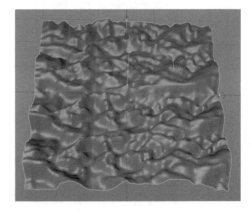

图 1-5-37 地貌属性　　　　　　　　　　图 1-5-38 地貌效果

（17）引导线

引导线多作为参考显线使用。在属性窗口中可以调节其属性。"类型"：引导线的类型，包含"直线"与"平面"；"直线模式"：引导线的模式，包含"无线/半直线/分段"；"空间模式"：勾选后，引导线呈"XYZ"三维空间显示；"X 尺寸"：调节引导线 X 轴向的长短；"Z 尺寸"：调节引导线 Z 轴向的长短；"轴向中心"在"类型"选择"平面"后，"轴向中心"才被激活，勾选后，以面的形式在三维空间显示；勾选"空间模式"，如图 1-5-39 所示；在透视图中观察"引导线"效果，如图 1-5-40 所示。

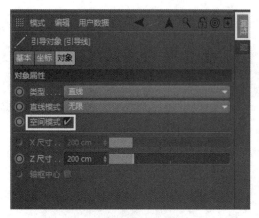

图 1-5-39　引导线属性

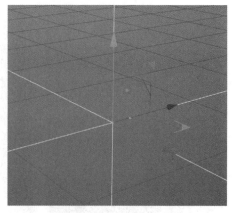

图 1-5-40　引导线效果

2. 多边形建模常用命令

当转换成多边形对象后，可以选择菜单"网格—创建工具"中的命令对模型进行编辑，如图 1-5-41 所示。但是，在实际工作中经常使用的方法是，选择"点/边/面"任意级别，单击鼠标右键，在弹出的菜单中选择多边形的编辑命令（选择不同级别，弹出的编辑命令会略有区别），如图 1-5-42 所示，下面就对常用的多边形编辑命令进行介绍。

图 1-5-41　创建工具

图 1-5-42　选择点/边/面弹出不同的菜单

（1）撤销（动作）

此命令指撤销当前的操作，恢复到前一个编辑状态（或按键盘快捷键 Ctrl+Z）。

（2）框显选取元素

此命令指把选中的目标（点/边/面）最大化显示（或按键盘快捷键 S）。

（3）创建点

此命令用在"点/边/面"任意级别下，使用"创建点"在多边形模型上单击，便可生成新的"点/边/面"级别。例如，创建一个"立方体"，将其转化成多边形，如图 1-5-43

所示；选择"点/边/面"任意级别后，单击鼠标右键，在弹出的菜单中选择"创建点"，使用其在模型上创建出新的点，观察效果，如图1-5-44所示。

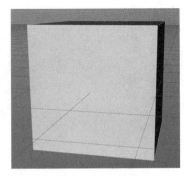
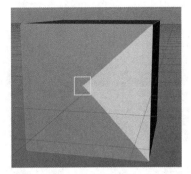

图1-5-43　创建点　　　　　　　图1-5-44　生成新的点/边/面

（4）桥接

此命令在同一多边形模型下使用。在"点级别"下，要选择3到4个点生成一个新的面；在"边级别"下，要选择两条边生成一个新的面，在"面级别"下，先选择两个面，在选择"桥接"命令，在空白区域单击，出现一条与面垂直的白线，松开鼠标后面便会桥接起来。例如，打开文件"5.2.4"，如图1-5-45所示，选择"面"级别后，单击鼠标右键，在弹出的菜单中选择"桥接"，使其在模型之间进行连接，观察效果，如图1-5-46所示。

图1-5-45　打开文件　　　　　　　图1-5-46　桥接效果

（5）笔刷

此命令用在点、边、面模式下，对多边形模型进行雕刻操作。例如，创建一个"球体"，将其转化成多边形，如图1-5-47所示；选择"点/边/面"任意级别后，单击鼠标右键，在弹出的菜单中选择"笔刷"，即可对模型进行编辑，观察效果，如图1-5-48所示。

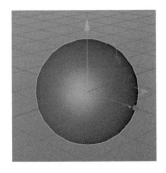
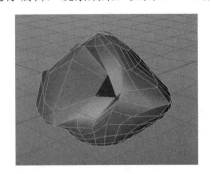

图1-5-47　球体　　　　　　　　图1-5-48　笔刷效果

　　在属性窗口中，可以选择"笔刷"的"衰减"与"模式"，同时也可以调节"笔刷"的"强度"与"半径"，如图 1-5-49 所示；或是按住鼠标中键左右拖动调节"半径"，按住鼠标中键上下拖动调节"强度"，如图 1-5-50 所示。

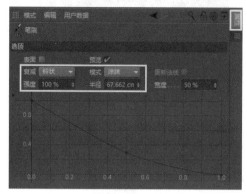
图 1-5-49　属性

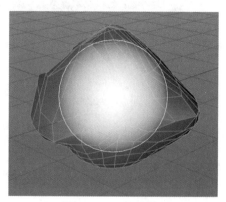
图 1-5-50　调节笔刷

　　（6）封闭多边形孔洞

　　此命令用在边、面级别下，当多边形有孔洞时，可以把孔洞边界闭合。例如，打开文件"5.2.6"，如图 1-5-51 所示；选择"点/边/面"任意级别后，单击鼠标右键，在弹出的菜单中选择"封闭多边形孔洞"，即可对模型进行编辑，观察效果，如图 1-5-52 所示。

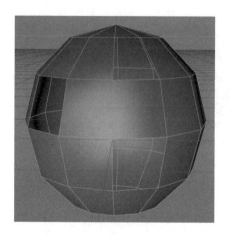
图 1-5-51　文件

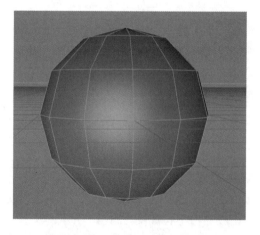
图 1-5-52　封闭多边形孔洞效果

　　（7）连接点／边

　　此命令用在点、边级别下。在点级别，选择两个相邻但不在一条线上的两点，单击鼠标右键，在弹出的菜单中选择"连接点／边"，两点间将出现一条新的边。在边级别下，选择相邻边，单击鼠标右键，在弹出的菜单中选择"连接点／边"，两边的中点将连接成一条新的边；选择不相邻的边，两边的中心位置出现点。例如，创建一个"球体"，将其转化成多边形，如图 1-5-53 所示；选择"点/边"任意级别后，单击鼠标右键，在弹出的菜单中选择"连接点／边"，即可对模型进行编辑，观察效果，如图 1-5-54 所示。

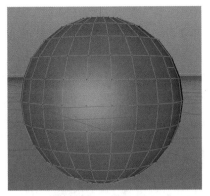

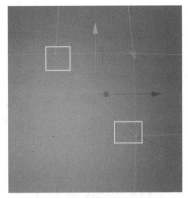

图 1-5-53 球体　　　　　　　　图 1-5-54 连接点／边效果

（8）多边形画笔

此命令用在点、边、面模式下，既可以自由绘制多边形对象，也可以在多边形模型的基础上进行绘制。例如，创建一个"平面"，将其转化成多边形，如图 1-5-55 所示，选择"点/边/面"任意级别后，单击鼠标右键，在弹出的菜单中选择"多边形画笔"，即可在模型上继续绘制多边形，也可单独绘制多边形，观察效果，如图 1-5-56 所示。

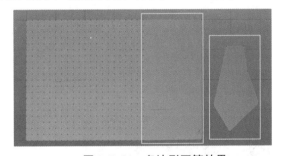

图 1-5-55 平面　　　　　　　　图 1-5-56 多边形画笔效果

（9）消除

此命令用在点、边、面模式下，可以删除多边形模型上的点、边，形成新的形状。例如，创建一个"立方体"，将其转化成多边形，如图 1-5-57 所示；选择"点/边/面"任意级别后，框选一个或多个点（一个或多个边），单击鼠标右键，在弹出的菜单中选择"消除"，即删除选择的点或边，观察效果，如图 1-5-58 所示。

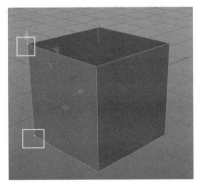

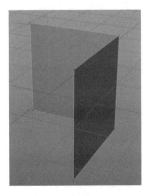

图 1-5-57 立方体　　　　　　　　图 1-5-58 消除效果

（10）熨烫

此命令用在点、边、面模式下，按住鼠标左键拖动调整点、线、面的平整程度。例如，打开文件"5.2.10"，如图1-5-59所示；选择"点/边/面"任意级别后，单击鼠标右键，在弹出的菜单中选择"熨烫"，即可对模型进行编辑，观察效果，如图1-5-60所示。

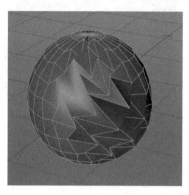 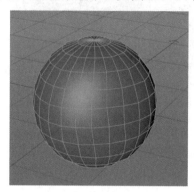

图1-5-59　球体　　　　　　　　　　　图1-5-60　熨烫效果

（11）线性切割

此命令用在点、边、面模式下，可用线段自由绘制任意的形状，首尾相连后点击"空格键"进行确认（在平面视图中使用"线性切割"，绘制线段会更准确）。例如，创建一个"平面"，将其转化成多边形，如图1-5-61所示；选择"点/边/面"任意级别后，单击鼠标右键，在弹出的菜单中选择"线性切割"，绘制一个封闭的形状后，即可对模型进行编辑，观察效果，如图1-5-62所示。

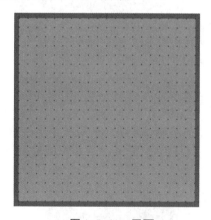 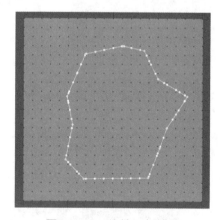

图1-5-61　平面　　　　　　　　　　　图1-5-62　线性切割效果

（12）平面切割

此命令用在点、边、面模式下，可以自由切割多边形，按住鼠标左键拖出一条直线，并且出现新的边（在平面视图中使用"平面切割"，绘制线段会更准确）。例如，创建一个"宝石"，将其转化成多边形，如图1-5-63所示；选择"点/边/面"任意级别后，单击鼠标右键，在弹出的菜单中选择"平面切割"，按住鼠标左键在需要分割的位置拖出一条直线，即可对模型进行编辑，观察效果，如图1-5-64所示。

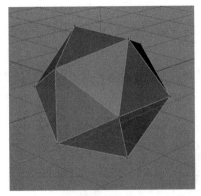

图 1-5-63　宝石

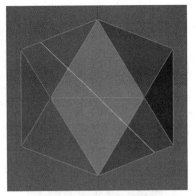

图 1-5-64　平面切割效果

（13）循环/路径切割

此命令用在点、边、面模式下，可以按照模型形状生成循环线段，点击"空格键"进行确认。模型上方单击 ▦ 后循环线段默认中间位置，单击 ◉ 后增添新的循环线段，单击 ◉ 后删除循环线段。例如，创建一个"角锥"，将其转化成多边形，如图 1-5-65 所示，选择"点/边/面"任意级别后，单击鼠标右键，在弹出的菜单中选择"循环/路径切割"，按住鼠标左键在需要分割的位置拖出一条直线，即可对模型进行编辑，观察效果，如图 1-5-66 所示。

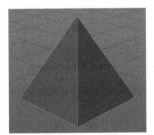

图 1-5-65　角锥

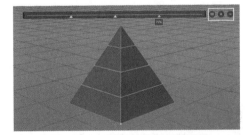

图 1-5-66　循环/路径切割效果

（14）磁铁

此命令用在点、边、面模式下，功能与"笔刷"命令类似，是对多边形进行雕刻。例如，创建一个"地形"，将其转化成多边形，如图 1-5-67 所示；选择"点/边/面"任意级别后，单击鼠标右键，在弹出的菜单中选择"磁铁"，即可对模型进行编辑（按住"Ctrl"是进行相反方向的雕刻），观察效果，如图 1-5-68 所示。

图 1-5-67　地形

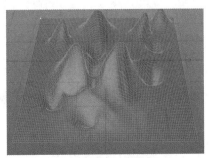

图 1-5-68　磁铁效果

（15）镜像

此命令用在点、面模式下，可以对视图中的模型进行对称复制（在平面视图中使用"镜像"，复制会更准确）。例如，打开文件，如图 1-5-69 所示；选择"点/边/面"任意级别后，单击鼠标右键，在弹出的菜单中选择"镜像"，按住鼠标左键拖出一条直线（竖线上下方向镜像，横线左右方向镜像）放置相应位置，即可对模型进行镜像，观察效果，如图 1-5-70 所示。

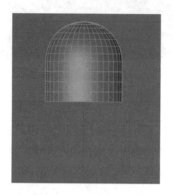 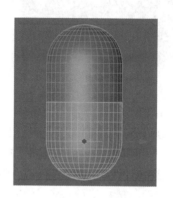

图 1-5-69　文件　　　　　　　　　　图 1-5-70　镜像效果

通过以上的学习，可以了解模型制作的进阶知识及使用方法，为了巩固所学知识，通过以下步骤，使用模型制作相关知识实现低多边形风格模型——"神秘森林"，如图 1-6-1 所示。

图 1-6-1　低多边形风格

（1）在透视视图中创建出"立方体"，如图 1-6-2 所示；在透视视图中单击"显示""光影着色（线条）"，如图 1-6-3 所示。

图 1-6-2　选择面

图 1-6-3　分裂效果

（2）在属性窗口中"对象"的"尺寸.Y"输入"120"、"分段.Y"输入"2"，如图 1-6-4 所示；选择"立方体"，单击菜单"网格—转换—转为可编辑对象"（或按键盘快捷键"C"键），进入"边"级别选择"边"，如图 1-6-5 所示。

图 1-6-4　立方体属性

图 1-6-5　选择边

（3）单击工具栏中"坐标系统"（或按键盘快捷键"W"键）改变坐标方向，如图 1-6-6 所示；向右侧"X 轴向"进行拖动，如图 1-6-7 所示。

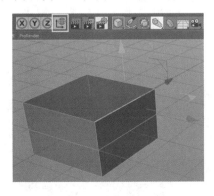

图 1-6-6　选择边

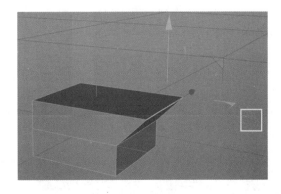

图 1-6-7　拖动边

（4）单击鼠标右键，在弹出的菜单中单击"倒角"，对"边"进行倒角，如图 1-6-8 所示；进入正视视图中，按住"Ctrl"键向下拖动"立方体"复制出"立方体 2"，将两个

"立方体"的位置对齐，如图 1-6-9 所示；进入复制"立方体 1"的"点"级别，向右侧"X 轴向"进行拖动（可对"立方体"细微调节），如图 1-6-10 所示。

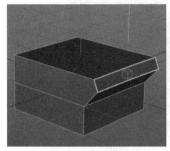
图 1-6-8　倒角

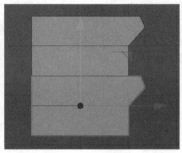
图 1-6-9　复制

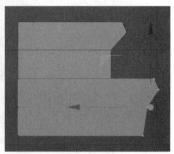
图 1-6-10　拖动点

（5）再创建出一个"立方体 2"，对其进行缩放，放置在下一层，同时按住"Ctrl"键向下拖动复制出"立方体 3"，如图 1-6-11 所示；再创建出一个"立方体 4"，单击"转为可编辑对象"（或按键盘快捷键"C"键），在"尺寸"输入"150"，如图 1-6-12 所示；调节其"Y 轴向"高度大约是其他"立方体"高度的两倍，如图 1-6-13 所示。

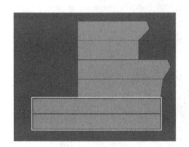
图 1-6-11　两个立方体

图 1-6-12　调节尺寸

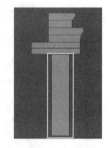
图 1-6-13　调节立方体

（6）按住"Ctrl"键拖动此"立方体 4"复制出"立方体 5"，缩放"立方体 5"放置在"立方体 4"大约三分之一处，如图 1-6-14 所示；按住"Ctrl"键拖动"立方体 5"复制出"立方体 6"，缩放"立方体 6"放置在"立方体 4"末端，如图 1-6-15 所示；选择"立方体 6"的"点"级别，单击鼠标右键，在弹出的菜单中单击"倒角"，制作出破损效果，如图 1-6-16 所示。

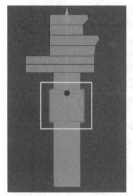
图 1-6-14　立方体 5

图 1-6-15　立方体 6

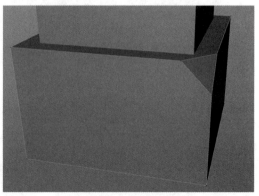
图 1-6-16　倒角效果

（7）也可以使用"边"级别，单击鼠标右键，在弹出的菜单中单击"循环/路径切割"命令，在模型的相应位置上添加"边"，如图1-6-17所示；利用新增的"边"调节破损效果，如图1-6-18所示；对模型整体进行破损效果调节，如图1-6-19所示。

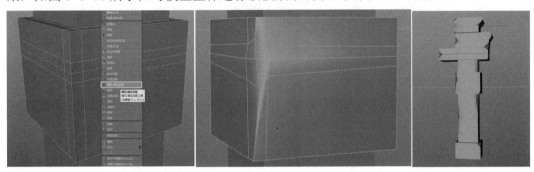

图1-6-17　循环/路径切割　　　　图1-6-18　调节破损效果　　　　图1-6-19　整体调节

（8）如果需要破损效果的棱角更分明，可以在"对象"窗口中将"平滑着色标签"删除，如图1-6-20所示；观察删除"平滑着色标签"后的效果，如图1-6-21所示。

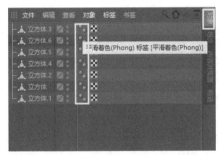

图1-6-20　删除"平滑着色标签"　　　　图1-6-21　观察效果

（9）创建"立方体7"，单击菜单"网格—转换—转为可编辑对象"（或按键盘快捷键"C"键）。将立方体缩放至合适大小，摆放在"立方体6"右侧位置，如图1-6-22所示；对"立方体7"进行复制，得到"立方体8""立方体9"，缩放至合适大小，摆放到"立方体7"之上，如图1-6-23所示；对"立方体7"进行复制，得到"立方体10""立方体11"，调节好大小放置到"立方体7"侧面，如图1-6-24所示。

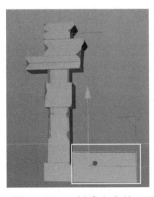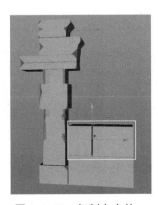

图1-6-22　创建立方体　　　　图1-6-23　复制立方体　　　　图1-6-24　摆放立方体

（10）调节"立方体7""立方体8""立方体9"的破损效果，如图1-6-25所示；创建一个"球体"，单击菜单"网格—转换—转为可编辑对象"（或按键盘快捷键"C"键）。将其删除一半，沿着"Y轴向"缩放成"扁圆"形状，如图1-6-26所示。

图1-6-25　破损效果

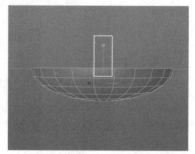
图1-6-26　缩放效果

（11）在选择"面"级别，单击鼠标右键，在弹出的菜单中单击"挤压"命令，在属性窗口"偏移"输入"20"，勾选"创建封顶"，勾选"保持群组"，观察效果，如图1-6-27所示；将"球体"调节大小，摆放到"立方体11"之上，如图1-6-28所示。

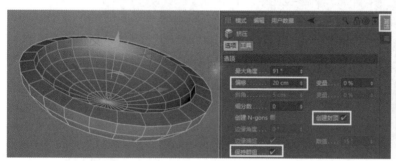
图1-6-27　挤压

图1-6-28　摆放球体

（12）创建"平面"，在属性窗口中的"宽度分段"与"高度分段"分别输入"3"，如图1-6-29所示；缩放大小对齐"球体"，单击菜单"网格—转换—转为可编辑对象"（或按键盘快捷键"C"键），如图1-6-30所示。

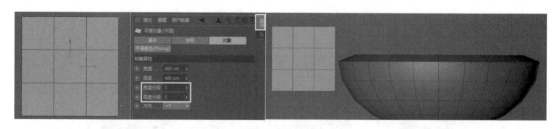
图1-6-29　设置分段　　　　　　　　　　图1-6-30　摆放位置

（13）删除"平面"的面，如图1-6-31所示；选择"点"级别，调节出形状，如图1-6-32所示。

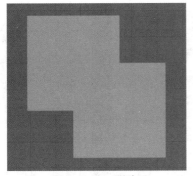

图 1-6-31　删除面

图 1-6-32　调节点

（14）修改不理想的布线。单击鼠标右键，在弹出的菜单中单击"线性切割"命令，如图 1-6-33 所示；重新连接线段，既要保证布线的正确（四边面）也要保证布线的流畅性，如图 1-6-34 所示。

图 1-6-33　线性切割

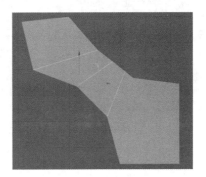

图 1-6-34　连接线段

（15）选择需要删除的线段，如图 1-6-35 所示；单击鼠标右键，在弹出的菜单中单击"消除"命令，如图 1-6-36 所示；观察最终效果，如图 1-6-37 所示。

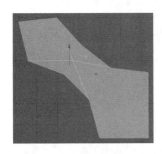

图 1-6-35　选择线段

图 1-6-36　消除

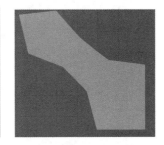

图 1-6-37　效果

（16）选择线段，如图 1-6-38 所示；单击鼠标右键，在弹出的菜单中单击"焊接"命令，如图 1-6-39 所示；观察最终效果，如图 1-6-40 所示。

图 1-6-38　选择线段

图 1-6-39　焊接

图 1-6-40　效果

（17）对"平面"的形状进行微调，如图 1-6-41 所示；选择"平面"的"面"级别，单击鼠标右键，在弹出的菜单中单击"挤压"命令，观察效果，如图 1-6-42 所示。

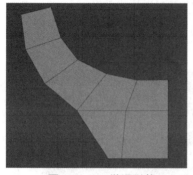
图 1-6-41　微调形状

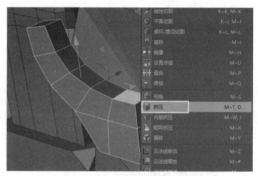
图 1-6-42　挤压效果

（18）进入顶视图，选择"平面"的"物体"级别，选择"菜单—网格"中"重置轴心—轴居中到对象"命令，如图 1-6-43 所示，在"编辑模式工具栏"中单击"启用捕捉"，如图 1-6-44 所示；将"平面"捕捉到"球体"之上，在顶视图、正视图中进行观察，如图 1-6-45 所示。

图 1-6-43　轴居中到对象

图 1-6-44　启用捕捉

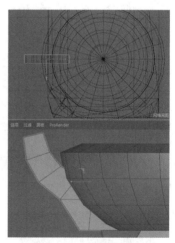
图 1-6-45　捕捉位置

（19）在"工具栏—造型工具"中选择"克隆"，如图 1-6-46 所示；将"克隆"中心点捕捉到"球体"中心点之上，如图 1-6-47 所示；再次单击"启用捕捉"将其关闭，如图

1-6-48 所示。

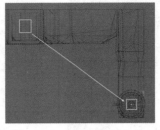

图 1-6-46 克隆　　　　　图 1-6-47 捕捉中心点　　图 1-6-48 关闭捕捉

（20）在属性窗口中，将"平面"放置在"克隆"中，变成"克隆"子级别，如图 1-6-49 所示；在"对象"中，"模式"选择"放射"，"数量"输入"6"，"半径"输入"85"，"平面"选择"XZ"，如图 1-6-50 所示；在"变换—位置 Y"输入"-477"，"旋转 P"输入"90"，"旋转 B"输入"270"，如图 1-6-51 所示。

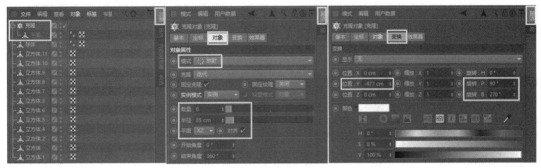

图 1-6-49 子级别　　　　图 1-6-50 调节属性　　　　图 1-6-51 调节位置旋转

（21）在属性窗口中，选择全部物体，单击"对象"，在弹出的菜单中选择"群组对象"，得到"空白"，如图 1-6-52 所示；在"工具栏""造型工具"中选择"对称"，如图 1-6-53 所示；将"对称"坐标拖至复制的中心位置，如图 1-6-54 所示。

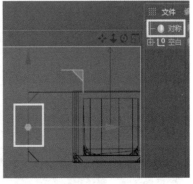

图 1-6-52 群组对象　　　　图 1-6-53 对称　　　　图 1-6-54 中心位置

（22）在属性窗口中，将"空白"放置在"对称"中，变成"对称"的子级别，如图 1-6-55 所示；在正视图中观察"对称"的效果，如图 1-6-56 所示。

图 1-6-55　对称

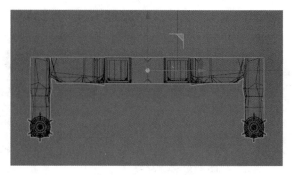

图 1-6-56　对称效果

（23）再创建一个"宝石"，在属性窗口"对象"—"类型"选择"八面"，如图 1-6-57 所示；单击菜单"网格—转换—转为可编辑对象"（或按键盘快捷键"C"键），摆放到"对称"物体中心位置，选择"点"级别，将"宝石"下方的点向下拖动，如图 1-6-58 所示。

图 1-6-57　宝石属性

图 1-6-58　调节点

（24）选择模型单击菜单"网格—转换—转为可编辑对象"（或按键盘快捷键"C"键），将左侧模型的破损位置进行微调，目的是避免破损位置相同，使得模型更真实自然，如图 1-6-59 所示，模型主体制作完成，接下来要给场景丰富细节，制作景物是最直接的方法。创建一个"球体"，单击菜单"网格—转换—转为可编辑对象"（或按键盘快捷键"C"键），单击视图"显示—光影着色（线条）"将线框显示出来，如图 1-6-60 所示。

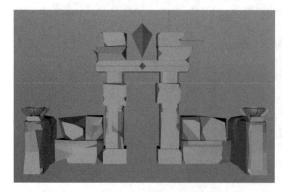

图 1-6-59　微调细节

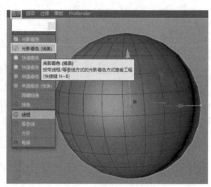

图 1-6-60　光影着色（线条）

（25）在菜单栏单击"创建—对象—空白"，如图 1-6-61 所示，在"工具栏—造型工具"中选择"减面"，如图 1-6-62 所示，在"工具栏—运动图形"中选择"置换"，如图 1-6-63 所示。

图 1-6-61　群组对象

图 1-6-62　减面

图 1-6-63　中心位置

（26）在属性窗口中，将"减面—置换"放置在"空白"中，变成"空白"的子级别，如图 1-6-64 所示，将"球体"放置在"减面"中，变成"减面"的子级别，如图 1-6-65 所示。

图 1-6-64　空白的子级别

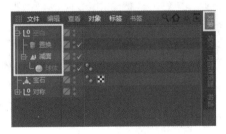

图 1-6-65　减面的子级别

（27）在"对象"窗口选择"置换"后，在属性窗口"着色"中单击"着色器"，如图 1-6-66 所示；单击"着色器" 图标，在弹出菜单中选择"噪波"，如图 1-6-67 所示。

图 1-6-66　着色器

图 1-6-67　噪波

（28）通过调节属性窗口"对象"的"强度""高度"可以快速更改"球体"形状，如图 1-6-68 所示；观察视图中球体的效果，如图 1-6-69 所示；可以复制多个球体，随机摆放位置，调节大小，通过"置换"微调形状，如图 1-6-70 所示。

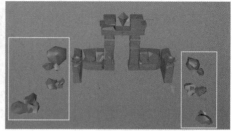

图 1-6-68　调节属性　　　　图 1-6-69　球体效果　　　　图 1-6-70　复制球体

（29）创建一个"平面"，在"宽度分段""高度分段"输入"50"，如图 1-6-71 所示；单击菜单"网格—转换—转为可编辑对象"（或按键盘快捷键"C"键），选择"面"级别，单击鼠标右键选择"笔刷"，对"平面"进行凹凸不平效果的调节，如图 1-6-72 所示。

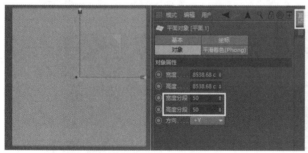

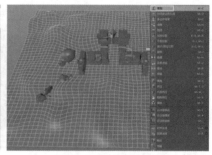

图 1-6-71　调节平面　　　　　　　　　　图 1-6-72　笔刷效果

（30）创建一个"地形"，在"对象"窗口"对象属性"中，"尺寸"输入"1011/2300/1011"，在"宽度分段""深度分段"均输入"50"，如图 1-6-73 所示；删除"地形"的"平滑着色"，同时增添"减面"与"置换"，选择"置换"，在"属性"窗口"强度"输入"40"，"高度"输入"120"，如图 1-6-74 所示。

图 1-6-73　调节地形属性　　　　　　　　图 1-6-74　增添减面与置换

（31）按住"Ctrl"键拖动此"减面"复制出"减面.1"，选择"置换"，在"属性"窗口"强度"输入"100"，"高度"输入"113"，如图 1-6-75 所示；将"减面"与"减面.1"

摆放好位置，如图 1-6-76 所示。

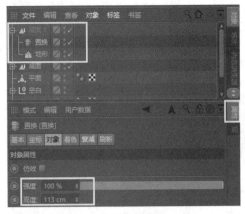

图 1-6-75　调节置换

图 1-6-76　摆放位置

（32）继续制作树木的模型，创建一个"立方体"，单击菜单"网格—转换—转为可编辑对象"（或按键盘快捷键"C"键），将其沿"Y 轴向"拉长，变成上细下粗的形状，如图 1-6-77 所示；单击鼠标右键，在弹出的菜单中单击"循环/路径切割"命令，如图 1-6-78 所示；在"立方体"上增添线段，如图 1-6-79 所示；选择"点"级别调节"立方体"的树干形状，如图 1-6-80 所示；单击鼠标右键，在弹出的菜单中单击"挤压"命令，调节出树枝形状，如图 1-6-81 所示。

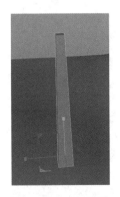

图 1-6-77　立方体

图 1-6-78　循环/路径切割

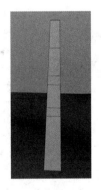

图 1-6-79　增添线段

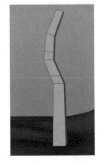

图 1-6-80　调节形状

图 1-6-81　挤压形状

（33）创建一个"胶囊"，在属性窗口"对象"中"高度分段"输入"3"，"封顶分段"输入"5"，"旋转分段"输入"8"，如图 1-6-82 所示；在工具栏"造型工具"中选择"减面"，在属性窗口中，将"胶囊"放置在"减面.2"中，变成"减面"的子级别，删除"胶囊"的"平滑着色"，如图 1-6-83 所示；复制"胶囊"，分别摆放在树枝上，如图 1-6-84 所示。

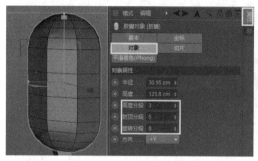

图 1-6-82　调节胶囊属性　　　　图 1-6-83　减面　　　　图 1-6-84　复制

（34）在菜单栏单击"创建—对象—空白.1"，如图 1-6-85 所示；将"减面.2""胶囊"放置在"空白.1"中，变成"空白.1"的子级别，如图 1-6-86 所示；此时选择"空白.1"，发现坐标未能对齐"空白.1"。选择"菜单—网格"中"重置轴心—轴居中到对象"命令，如图 1-6-87 所示。

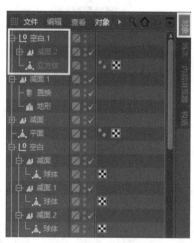

图 1-6-85　创建空白　　　　图 1-6-86　父子级别　　　　图 1-6-87　轴居中到对象

（35）选择"空白.1"，按住"Ctrl"键拖动复制出"空白.2"，随机摆放位置，如图 1-6-88 所示；也可以创建"球体"（文件中的"圆形.1""圆形.2"），按照此方法进行制作，如图 1-6-89 所示。

图 1-6-88　复制出空白.2　　　　　　　　　　图 1-6-89　球体

（36）选择"平面"的"面"级别，单击鼠标右键，在弹出的菜单中单击"挤压"命令，调节出厚度，如图 1-6-90 所示；创建出一个"球体"，单击菜单"网格—转换—转为可编辑对象"（或按键盘快捷键"C"键），与"平面"重叠摆放，如图 1-6-91 所示。

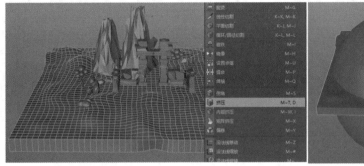

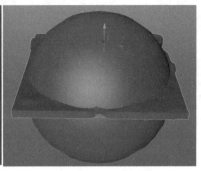

图 1-6-90　挤压厚度　　　　　　　　　　图 1-6-91　重叠摆放

（37）在工具栏"造型工具"中选择"布尔"，在对象窗口中将"平面""球体"放置在"布尔"中，变成"布尔"的子级别，如图 1-6-92 所示；在属性窗口"对象"的"布尔类型"选择"AB 交集"，如图 1-6-93 所示。

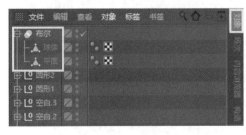

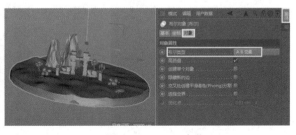

图 1-6-92　布尔　　　　　　　　　　图 1-6-93　AB 交集

（38）创建出一个"球体"，在属性窗口"对象"的"分段"输入"50"，单击菜单"网格—转换—转为可编辑对象"（或按键盘快捷键"C"键），与"平面"重叠摆放，如图 1-6-94 所示；选择"球体"的"面"级别，将与"平面"重叠的上半部分删除，如图 1-6-95 所示。

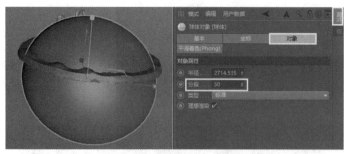

图 1-6-94　创建球体　　　　　　　　　　　图 1-6-95　删除面

（39）选择"球体"的最上部分的"面"级别，单击鼠标右键，在弹出的菜单中单击
"挤压"命令，如图 1-6-96 所示；挤压出厚度，选择下面的"边"级别向下拖动，如图
1-6-97 所示。

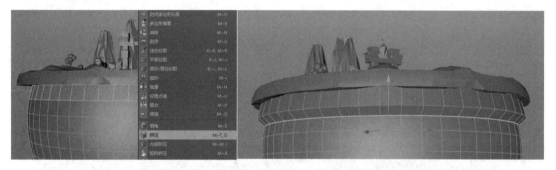

图 1-6-96　创建球体　　　　　　　　　　　图 1-6-97　挤压面

（40）单击鼠标右键，选择"笔刷"，对"球体"进行凹凸不平效果的调节，如图 1-6-98
所示；在工具栏"造型工具"中选择"减面.2"，在"属性"窗口中，将"球体""布尔"
放置在"减面.2"中，变成"减面"的子级别，如图 1-6-99 所示。

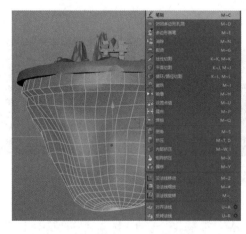

图 1-6-98　笔刷　　　　　　　　　　　　图 1-6-99　减面

（41）删除"球体"及"布尔"中"平面"与"球体"的"平滑着色"，得到最终效果，
如图 1-6-100 所示。

图 1-6-100 最终效果

本项目通过对多边形的制作,使读者对模型制作相关知识有了初步了解,对模型工具、命令的使用有所了解和掌握,并能够通过所学的相关知识实现模型的制作。

文件	File	创建	Edit
创建	Create	选择	Select
工具	Tools	网格	Mesh
捕捉	Snap	动画	Animate
模拟	Simulate	渲染	Render
雕刻	Sculpt	运动图形	MoGraph
角色	Character	帮助	Help
窗口	Window		

1. 选择题

(1) Cinema 4D 这款三维软件是由( ),它以高速的计算和强大的渲染而闻名于世。(单选)

  A. 德国 MAXON 公司出品　　　B. 美国微软公司出品

  C. 日本索尼公司出品　　　　　D. 中国公司出品

（2）Cinema 4D 自（　　）年问世（最早的名字是 FastRay）至今已经逐步走向成熟。（单选）

  A. 1989　　　B. 1990　　　　C. 1991　　　　　D. 1992

（3）进行（　　）等操作，是 Cinema 4D 最基础的操作。（多选）

  A. 移动　　B. 缩放　　　　C. 旋转　　　　　D. 动画

（4）移动、缩放、旋转的键盘快捷键是（　　）。（单选）

  A."W/E/R"　　　　B."E/R/T"　　　C."Q/W/E"　　　D."A/S/D"

（5）Cinema 4D 基本界面包括（　　）。（多选）

  A. 菜单栏　　B. 视图窗口　　　C. 工具栏　　　　　D. 动画窗口

2. 填空题

（1）视图窗口中包含（　　）、（　　）、（　　）、（　　）四个窗口。

（2）视图窗口包含（　　）、（　　）、（　　）操作。

（3）（　　）关系也就是指一个物体（子级别物体）跟随另一个物体（父级别物体）进行位移、旋转、缩放的编辑。

（4）曲线转换曲面包含（　　）、（　　）、（　　）、（　　）、（　　）、（　　）方法。

（5）多边形建模是通过调节（　　）、（　　）、（　　）创建模型。

3. 简答题

（1）常用的三维软件有哪些？

（2）简述 Cinema 4D 基本界面有哪些组成部分？

4. 操作练习

  请使用学习过的知识制作一个模型，要求布线合理，工整有序，比例与造型准确。所有坐标回归中心点，在属性窗口中整理所有层级关系。对于素材展现细节不够丰富的，需要自行进行学习了解，在模型制作中丰富细节，保证模型完成后，结构合理，逻辑清晰，不影响其他工作环节的制作。

项目二 材质篇"焦散效果"的制作

通过学习材质、纹理、灯光、渲染等相关知识，了解不同材质的表现方法，熟悉不同材质制作技巧，掌握材质的制作流程。在任务实现过程中：

- 熟悉材质基本设置
- 掌握灯光制作方法
- 掌握纹理的制作流程
- 熟悉渲染器的使用方法

【情境导入】

材质在三维图像的表现中起到举足轻重的作用。对材质的调节左右着物体的颜色、纹理、光泽等属性，决定着光线照射在物体表面时，呈现出的视觉效果与物体的质感。例如，经过长时间形成的老化、伤痕等纹理特征，物体表面不同光滑程度也表现出不同的光照强度，折射率的调节可以产生光穿过不同物体的效果等。很多材质在生活中都是非常常见的，所以需要读者在日常生活中近距离观察物体，收集物体表面特征，深刻理解物体构造，才能模拟出真实的质感。材质部分涉及知识广泛而运用灵活，读者应在学习中发扬艰苦奋斗、刻苦钻研精神，在项目过实施程中树立责任意识和勇于担当精神，不断思考研究才能掌握其核心知识，才能将物体本身的视觉形态进行真实的再现。通过完成材质、纹理、灯光、渲染等相关任务对审美体验产生的情感共鸣，使读者受到美的陶冶和启迪，升华精神境界，在价值认同的基础上内化构建正确的价值观，并结合时代要求传承创新，才能使三维效果更加真实生动。

【任务描述】

● 运用材质球的属性进行物体质感调节
● 利用不同灯光类型制作出光影效果
● 使用渲染命令对物体进行成像出图

【效果展示】

焦散效果是一种风格独特的光学现象，在图像中可凸显主体，明确强调图像的重点所在。焦散效果在现实生活中随处可见，但是在三维制作中需要花费大量的时间和精力，在早期的三维效果制作中属于一项烦琐的工作。今天利用 Cinema 4D 强大的渲染功能，可以简便快捷地实现焦散效果。

技能点一　材质球

在 Cinema 4D 中创建"材质球"通常有三种方法。第一，单击菜单中"创建—材质—新材质"可创建新的材质球（或按键盘快捷键"Ctrl+N"键），如图 2-1-1 所示；第二，在材质管理器中单击"创建—新材质"可创建新的材质球（或按键盘快捷键"Ctrl+N"键），如图 2-1-2 所示；第三，可通过在材质管理器空白区域双击鼠标左键创建新材质球，如图 2-1-3 所示。

  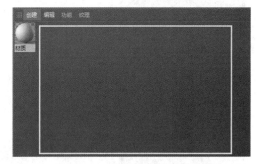

图 2-1-1　界面菜单　图 2-1-2　材质管理器　　　图 2-1-3　材质管理器空白区

在材质管理器的"创建"菜单，可以进行"新 PBR 材质""节点材质""加载材质""另存材质"等操作，如图 2-1-4 所示；在材质管理器的"编辑"菜单，可以进行"撤销""复制""粘贴"等操作，同时控制材质显示方式，例如"材质""材质列表""分层管理（紧凑）""分层管理（扩展／紧凑）"等功能，如图 2-1-5 所示；在材质管理器的"功能"菜单，包含"编辑""应用""渲染全部""渲染材质""加入新层""从层移除"等命令，如图 2-1-6 所示；在材质管理器的"纹理"菜单，可以设置"纹理通道""加载纹理""卸载纹理"以及与纹理相关的操作，如图 2-1-7 所示。

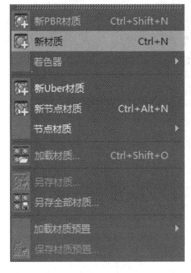  

图 2-1-4　创建　　　图 2-1-5　编辑　　　图 2-1-6　功能　　图 2-1-7　纹理

在实际操作中，创建过多"材质球"后，继续使用默认名称将不便于管理，所以需要给"材质球"重新命名。主要有以下三种方法：第一，在材质管理器中选择需要重命名的"材质球"，单击"功能—重命名"命令，如图 2-1-8 所示；弹出"名称"对话框，在"名称"中输入"材质球"的新名，如图 2-1-9 所示。第二，直接在材质管理器中双击"材质球"的默认名字，即可重新对材质球命名，如图 2-1-10 所示。

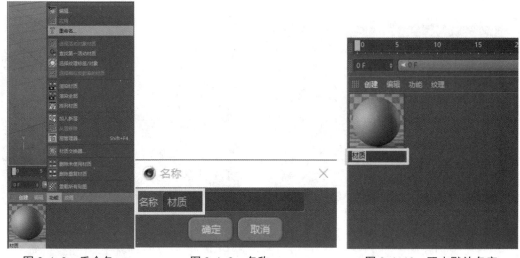

图 2-1-8　重命名　　　　图 2-1-9　名称　　　　图 2-1-10　双击默认名字

1. 材质球属性的调节

编辑材质属性既可以在属性窗口中"材质管理器"进行属性调节，如图 2-1-11 所示；也可以双击"材质球"在弹出的"材质编辑器"中进行属性编辑，如图 2-1-12 所示。

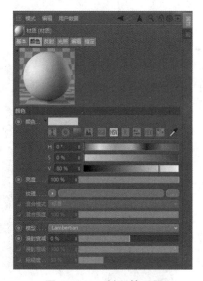

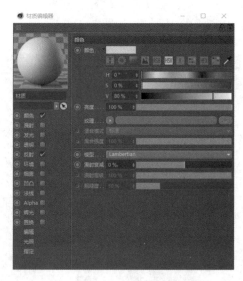

图 2-1-11　材质管理器　　　　　　　图 2-1-12　材质编辑器

"材质管理器"的上方"标签"显示的是被激活的属性，勾选不同"标签"后，下方就会显示不同的属性，如图 2-1-13 所示；点击"基本"标签则显示出全部的"属性标签"，如图 2-1-14 所示；在"材质编辑器"中的"属性标签"则直接显示在对话框左侧，如图 2-1-15 所示；无论在"材质管理器"或是"材质编辑器"中，右键单击"材质球"的图标，弹出可以调节图标大小或显示图案的对话框，如图 2-1-16 所示；下面开始对"材质球"的各个属性进行介绍。

图 2-1-13　标签

图 2-1-14　基本

图 2-1-15　激活

图 2-1-16　显示属性

（1）颜色

"颜色"属性主要作用是给物体表面着色，即调节物体本身的颜色。需要注意的是，物体本身的颜色在视觉显示上会受到光源亮度等影响，如图 2-1-17 所示；"颜色"通道是调节材质颜色的属性，单击右侧"色块"弹出"颜色拾取器"调节颜色，单击 图标，颜色将以不同模式显示，单击 则可以直接吸取需要的颜色，如图 2-1-18 所示；"亮度"通道调节增减颜色的亮度或暗度。

图 2-1-17　颜色

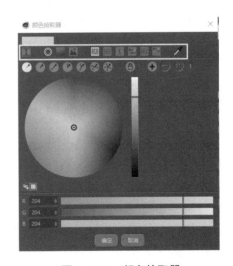

图 2-1-18　颜色拾取器

"纹理"通道是调节纹理贴图的属性。单击 图标弹出调节纹理属性菜单，如图 2-1-19 所示；"清除"即删除纹理效果；"加载图像"加载贴图实现纹理效果；"创建纹理"：单击该命令将弹出"新建纹理"对话框，用于修改纹理基本设置，如图 2-1-20 所示；"复制着色器 / 粘贴着色器"将纹理贴图复制、粘贴到另一个通道；"加载预置 / 保存预置"对设置好的纹理进行保存，也可再次导入使用；"噪波"内置纹理效果，可对其颜色、比例、周期等属性进行调节；"渐变"内置纹理效果，可对其类型、湍流等属性进行调节；"菲涅耳"

（Fresnel）是指当观察视线与物体越接近 90°角，则物体的反射越强而透明度越低，越接近 0°角，则物体反射越弱且透明度越高。这也是一种内置的效果，可调节物体从中心到边缘的颜色、反射、透明等属性；"颜色"调节材质颜色；"图层"即在"材质球"中增添图层。单击"图像"选择绘制的纹理贴图；单击"着色器"选择内置纹理效果；单击"效果"增添效果调整层，对当前层以下的层整体调节；"文件夹"可将其他图层拖入文件夹中进行整体编辑和管理，如图 2-1-21 所示。

图 2-1-19　纹理属性

图 2-1-20　新建纹理

图 2-1-21　图层属性

　　"着色"可调节纹理的色彩效果；"背面"可调节纹理的色阶、过滤效果；"融合"：选择不同的融合模式，可对两个或多个纹理进行融合成新的纹理；"过滤"可调节纹理的色调、明度、对比度等效果；"MoGraph"只作用于 MoGraph 物体，包含"多重着色器""摄像机着色器""节拍着色器""颜色着色器"。"多重着色器"可显示多个纹理效果；"摄像机着色器"，摄像机里显示的画面会成贴图显示在物体上；"节拍着色器"，节拍数值控制颜色改变的频率；"颜色着色器"，包含"颜色"与"索引比率"通道，选择"颜色"，物体显示默认颜色，选择"索引比率"，物体颜色会随着样条的曲率而改变。"素描与卡通"包含"划线""卡通""点状""艺术"。"划线"调节贴图 UV 的偏移、密度等效果；"卡通"调节卡通效果颜色、点状，可选择点的形状，也可修改纹理的属性、艺术，可加载各种纹理，可调节对纹理 UV 等效果。"效果"用于调节"材质球"的特殊效果；"表面"包含多种仿真纹理效果；"Substance 着色器"内置 Substance；"多边形毛发"模拟毛发的纹理；"混合模式"选择色彩与纹理的混合模式，包含"标准"，如图 2-1-22 所示；"添加"，如图 2-1-23 所示；"减去"，如图 2-1-24 所示；"正片叠底"，如图 2-1-25 所示；"混合强度"调节贴图和颜色的混合比例；"模型"包含"Lambertian"（适合平滑的表面）和"Oren-Nayer"（适合粗糙的表面）；"漫射衰减"调节颜色衰减的程度，值越大颜色亮度会越均匀，值越小颜色亮度会越不均匀；"漫射层级"选择"Oren-Nayer"模型才能激活，值越大颜色明度越亮；"粗糙度"选择 Oren-Nayer 模型才能激活，值越大颜色明度越暗。

图 2-1-22　标准

图 2-1-23　添加

图 2-1-24　减去

图 2-1-25　正片叠底

（2）漫射

就是光照射在物体表面，向各个方向反射的现象。漫射通道就是调节物体反射光线的强弱，如图 2-1-26 所示；"亮度"调节漫射的强度；"影响发光"勾选后，漫射的亮度会影响发光强弱；"影响高光"勾选后，漫射的亮度会影响高光强弱；"影响反射"勾选后，漫射的亮度会影响反射强弱；纹理贴图只识别黑白信息，如图 2-1-27 所示。

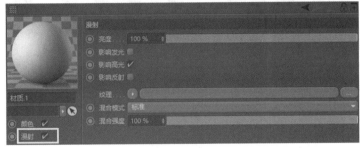
图 2-1-26　漫射

图 2-1-27　漫射效果

（3）发光

发光通道如图 2-1-28 所示，使物体产生照明的特性，常用来模拟自发光的物体，但是不能产生真正的发光效果，不能充当光源使用（如果使用 GI 渲染器并开启全局照明选项，就会产生真正的发光效果），如图 2-1-29 所示。

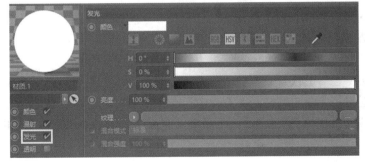
图 2-1-28　发光

图 2-1-29　发光效果

（4）透明

透明通道可调节物体的透明度，纯透明的物体不需要颜色通道，如图 2-1-30 所示；"折射率预设"可选择不同物体的折射率；"折射率"是反映物体折射强度；"全内部反射"勾选后，会产生类似菲涅耳反射的光学现象；"双面反射"：光线通过物体所产生的不同反射效果；"附加"：材质颜色会随着透明度的增加而变化，勾选后，颜色不会产生变化；"吸收颜色"：调节影响物体色彩的外来颜色；"吸收距离"：吸收颜色的光线要经过的距离；"模糊"：控制透明度的模糊程度；"最小采样/最大采样"：调节采样数量，控制模糊质量；"采样精度"：调节模糊的准确度，如图 2-1-31 所示。

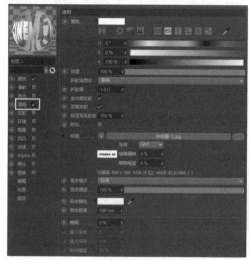

图 2-1-30 透明

图 2-1-31 透明效果

（5）反射

反射通道用于控制"材质球"的反射特性，也可通过贴图表现反射的效果，如图 2-1-32 所示；"添加"：增添一个新层，在弹出的菜单选择"材质球"类型；"移除"：删除选择的层；"复制/粘贴"可以复制和粘贴层；点击层左侧的 图标可以开关层；"默认高光"控制高光的强弱，包含"普通"与"添加"，"普通"是全部反射层选择的模式，调节 100% 会完全覆盖下面的层，"添加"启用遮罩或菲涅耳会让下面的层显示出来；"全局反射亮度"控制全部反射的强度；"全局高光亮度"控制全部高光的强度；"分离通道"勾选后，可以输出指定的材质；"类型"可选择各种类型的"材质球"；"衰减"控制高光的曲线，也就是高光消失距离；"内部宽度"控制高光的范围（不会受到亮度衰减变化的影响）；"高光强度"控制高光的强度；"凹凸强度"调节凹凸效果的强弱；"颜色层"中的属性是对"高光"位置的调节。需要注意的是，"层颜色"的纹理，白色表示反射，黑色表示不反射，可以使用黑白纹理控制反射的位置；"层遮罩"中的属性是对"高光"显示的调节。其中，"层遮罩"的纹理，白色表示不会遮盖，黑色表示完全遮盖（灰色根据其亮度决定层的不透明度），如图 2-1-33 所示。

图 2-1-32 反射

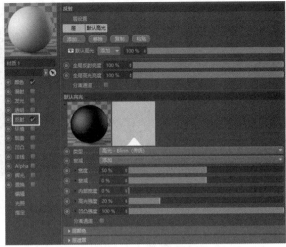

图 2-1-33 反射效果

（6）环境

环境通道用于模拟环境反射显示在物体上的效果，如图 2-1-34 所示；"颜色"调节"环境"的颜色；"亮度"调节颜色的亮度；"纹理"通过纹理贴图显示反射在物体上的效果；"水平平铺/垂直平铺"设置水平方向和垂直方向的平铺数量；"反射专有"勾选后，环境反射只会出现在通过反射通道产生的地方，如图 2-1-35 所示。

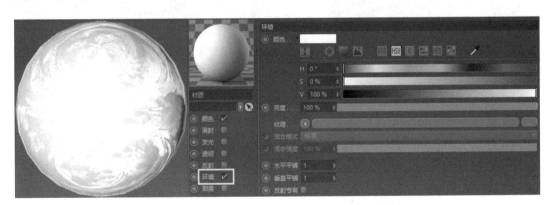

图 2-1-34 环境效果

图 2-1-35 环境

（7）烟雾

烟雾通道模拟半透明气体。烟雾材质只能应用在闭合的物体上，而且它和透明效果是无法同时渲染出来的，如图 2-1-36 所示；"颜色"调节烟雾的色彩，"亮度"调节烟雾的亮度，"距离"控制物体在烟雾环境中的可见距离，如图 2-1-37 所示。

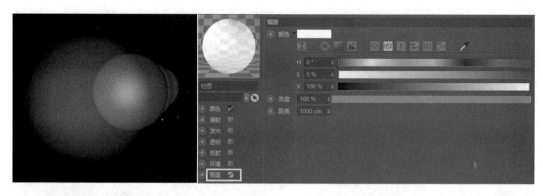

图 2-1-36　烟雾效果　　　　　　　　　　　图 2-1-37　烟雾

（8）凹凸

凹凸通道通过计算载入贴图的光亮度改变其法线方向，在物体表面产生强烈的凹凸效果。但需要注意的是，这种凹凸只是视觉意义上的凹凸效果，并非改变物体形状的真实凹凸，如图 2-1-38 所示；"强度"调节凹凸的强弱；"MIP 衰减"勾选后，凹凸效果会在远离摄像机的位置减弱；"纹理"可以导入纹理贴图，根据其灰度值进行凹凸效果计算，如图 2-1-39 所示。

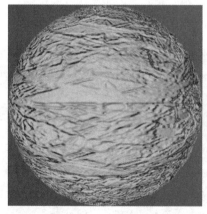

图 2-1-38　凹凸效果　　　　　　　　　　　图 2-1-39　凹凸

（9）法线

法线通道可使低模生成高模的效果，显示出更多的细节。凹凸贴图只是使用灰度位图来产生高度数据，而法线贴图使用的是包含法线方向信息的 RGB 贴图，物体的阴影和高光也会随着光源位置做出反应，如图 2-1-40 所示；"强度"调节法线贴图效果的强弱；"算法"包含"相切""对象""全局"，"相切"：法线方向根据所在的表面来决定，"对象"：使用对象的坐标系来编辑法线方向，"全局"：使用全局坐标系统来编辑法线方向；"翻转 X（红）/翻转 Y（绿）/翻转 Z（蓝）/交换 Y & Z（Y 上）"：法线贴图每个软件的处理方式有所不同，同样是"Y 坐标"，有些软件是绿色，有些是蓝色，所以对其进行勾选，来切换所有的颜色组成；"纹理"可以导入法线贴图，如图 2-1-41 所示。

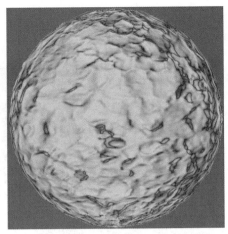

图 2-1-40　法线效果　　　　　　　　　　　　图 2-1-41　法线

（10）Alpha

Alpha 通道通过明区和暗区决定材质的可见程度，白色区域表示不透明，黑色区域表示透明，如图 2-1-42 所示；"颜色"对图像中特定区域进行裁剪，"Alpha 容差（变量）"调节颜色的偏离程度减少杂色残留，"反相"勾选后，透明部分与不透明部分进行反转；"柔和"勾选后，Alpha 效果更自然，"图像 Alpha"勾选后，可以使用加载的图像中已存在的 Alpha 通道；"预乘"勾选后，可以使用带有预乘 Alpha 通道；"纹理"可以导入 Alpha 贴图，如图 2-1-43 所示。

图 2-1-42　Alpha 效果　　　　　　　　　　图 2-1-43　Alpha

（11）辉光

辉光通道可以创建柔和的辉光效果。辉光在透明对象和反射中都不可见，而且不具有灯光的属性，更不会产生任何投影，如图 2-1-44 所示；"颜色"选取辉光的颜色；"亮度"可以调整辉光通道颜色的亮度；"内部强度/外部强度"调节覆盖在材质表面与外部边缘的辉光强度；"半径"调节辉光从表面扩展的距离；"随机"调节每帧辉光的随机波动值；"频率"调节辉光半径变化的频率;"材质颜色"勾选后,会默认材质本身的颜色、不勾选,可以在"辉光"的属性中调节"颜色"与"亮度"数值,如图 2-1-45 所示。

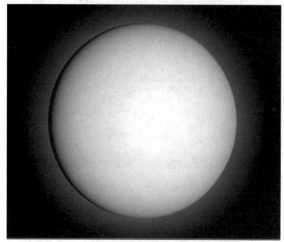

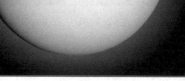

图 2-1-44　辉光效果　　　　　　　　　　　　　图 2-1-45　辉光

（12）置换

置换与凹凸类似,区别是置换的物体会产生变形,是一种真正的凹凸效果,置换通道通过导入贴图使物体产生真正变形,物体变形的高度是由明暗区域来决定的,如图 2-1-46 所示;"强度"调节置换的强弱;"高度"调节置换的高度,可以通过强度值进行修改;"类型"包含"强度""强度（中心）""红色／绿色""RGB（XYZ 切线）""RGB（XYZ 对象）""RGB（XYZ 世界）","强度"置换的方向是正向,黑色表示不发生置换,白色表示产生最大置换;"强度（中心）"置换会有正负两个方向,50%的灰度表示不发生置换,白色表示正向最大置换,而黑色表示负向最大置换;"红色/绿色"红色（凹陷）和绿色（凸起）数值决定置换;"RGB（XYZ 切线）/RGB（XYZ 对象）/RGB（XYZ 世界）"根据纹理的RGB 组成来决定置换空间,红色部分在 X 轴方向移动像素,绿色部分在 Y 轴方向移动像素,蓝色部分在 Z 轴方向移动像素,最灵活也是最推荐的模式是 RGB（XYZ 切线）;"纹理"可以导入置换贴图;"次多边形置换"勾选后,激活次多边形置换;"细分数级别"调节多边形置换细分数的数量,较高细分数的渲染效果更好,渲染时间也更长;"圆滑几何体"勾选后,模型更平滑;"圆滑等高线"等高线（多边形上没有与其他多边形相邻的边）也会被圆滑;"映射圆滑几何体"勾选后,使用圆滑后的物体来定义纹理坐标;"映射最终几何体"勾选后,决定纹理的映射方式;"保持原始边"勾选后,硬边会保持硬边,否则根据细分级别进行圆滑;"最佳分布状态"会改变置换朝向,边缘处的过渡更自然,如图 2-1-47 所示。

图 2-1-46　置换效果　　　　　　　　　　　图 2-1-47　置换

（13）编辑

在编辑通道中可以设置渲染效果。"动画预览"勾选后,在播放动画时显示运动的纹理、着色器;"纹理预览尺寸"选择渲染尺寸范围,设置的尺寸越大,视窗中纹理的细节就越多;"编辑器显示"这个菜单只有在使用增强 OpenGL 时可用,这里的选项对最终渲染效果没有影响,默认的结合选项表示正常的视窗显示;"环境覆盖"可以导入环境贴图应用到材质上;"旋转.H/旋转.P/旋转.B"调节旋转角度;"模式"包含"无""统一",决定是否要对所选纹理启用视图 Tessellation, 如图 2-1-48 所示。

（14）光照

光照可以用来单独地给材质编辑全局光照、焦散或调节控制效果强度。"产生全局光照"勾选后,材质对其他物体产生影响,"强度"调节材质发射光照的强度,"饱和度"微调用在强度中的纹理饱和度;"接收全局光照"勾选后,材质接收其他物体反射的亮度和颜色,"强度"调节接收其他材质颜色和亮度的程度,"饱和度"微调用在全局光照中的纹理饱和度;"产生焦散"勾选后,激活焦散生成光子,"强度"设置焦散效果强弱;"接收焦散"勾选后,材质对光子焦散进行接收,"强度"设置接受焦散效果强弱;"半径"设置光子之间距离,"采样"设置在半径范围内光子最大数量,如图 2-1-49 所示。

（15）指定

显示出当前材质的使用情况,在复杂的场景中,可以查看某个材质应用的位置。单击鼠标右键弹出对话框,"删除":从选择物体上删除该材质;"全部删除":从所有物体上删除该材质;"在管理器中显示":滚动对象管理器来显示所选择的对象;"删除标签":删除选择的纹理标签;"选择标签":选择纹理标签并在属性管理器中显示其设置,如图 2-1-50 所示。

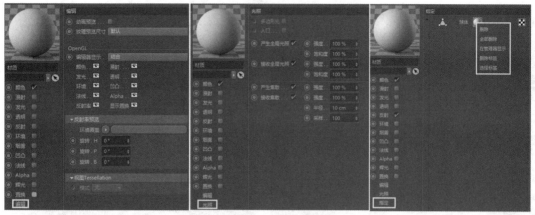

图 2-1-48　编辑　　　　　　　图 2-1-49 光照　　　　　　　图 2-1-50 指定

2. 纹理标签

好的效果只有材质设置往往是不够的，如果要创建真实的材质效果，纹理是必不可少的。纹理的绘制又需要参考模型的 UV 形状，只有这样纹理才能与模型相吻合，呈现出细节丰富的效果。

当物体被指定材质后，在对象窗口单击▣图标，如图 2-1-51 所示。在属性窗口会出现"纹理标签"，如图 2-1-52 所示。在"纹理标签"的"材质"中，单击右侧的▣图标，在弹出对话框中单击"选择元素"，属性窗口中展开材质的属性，可对材质的颜色、亮度、纹理贴图、反射、高光等属性进行设置，如图 2-1-53 所示。

图 2-1-51　对象窗口　　　　　图 2-1-52　属性窗口　　　　图 2-1-53　材质

"选集"：创建多边形选集后，可把多边形选集拖拽到该栏中，这样只有多边形选择集包含的面被指定了该材质，通过这种方式可以为不同的面指定不同的材质。创建"球体"多边形后，选择"面级别"（点与边级别也可以），单击"选择—设置选集"，如图 2-1-54 所示；创建一个"材质球"，将其赋予"球体"，在"对象"窗口将△图标拖至"纹理标签"的"选集"中，此时在模型中只有"设置选集"位置呈现"材质球"效果，如图 2-1-55

所示。

图 2-1-54 设置选集

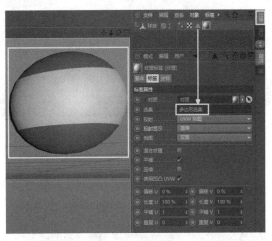

图 2-1-55 选集

　　"投射"决定着"UV"的准确性，尤其在使用具有纹理贴图的材质时，要考虑材质的投射方式，以确定贴图显示的正确性。在"纹理标签"的"投射"中可以选择投射方式，其中包含"球状""柱状""平直""立方体""前沿""空间""UVW 贴图""收缩包裹""摄像机贴图"，如图 2-1-56 所示。"球状"投射方式是将纹理贴图以球状形式投射在模型上，适合类似圆形的物体使用，如图 2-1-57 所示。"柱状"投射方式是将纹理贴图以柱状形式投射在模型上，适合类似圆柱的物体使用，如图 2-1-58 所示。

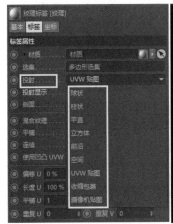

图 2-1-56 投射

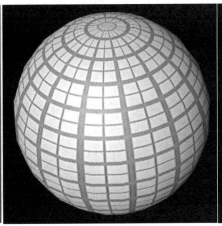

图 2-1-57 球状投射

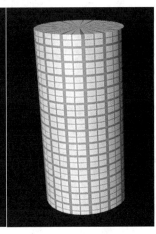

图 2-1-58 柱状投射

　　"平直"投射方式是将纹理贴图以平面形式投射在模型上，仅适合于平面，适合类似平面的物体使用，如图 2-1-59 所示。"立方体"投射方式是将纹理贴图投射在立方体的 6 个面上，适合类似立体方形的模型使用，如图 2-1-60 所示。"前沿"投射方式是将纹理贴图从观察视图的视角投射到对象上，投射的贴图会随着视角的变换而变换，如图 2-1-61 所示。"空间"投射方式类似于"平直"投射，但不会拉伸边缘像素，如图 2-1-62 所示。

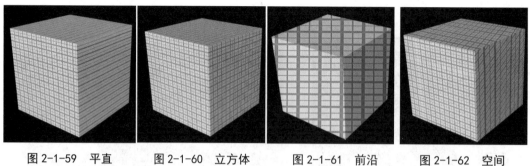

图 2-1-59　平直　　　图 2-1-60　立方体　　　图 2-1-61　前沿　　　图 2-1-62　空间

"UVW 贴图"是物体的默认投射方式，如图 2-1-63 所示。"收缩包裹"纹理的中心被固定到一点，其余的纹理会被拉伸来覆盖对象，如图 2-1-64 所示。"摄像机贴图"是从摄像机角度投射到物体上，投射角度会随摄像机角度而改变，如图 2-1-65 所示。

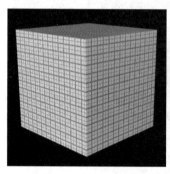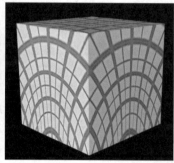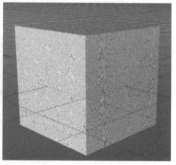

图 2-1-63　UVW 贴图　　　　图 2-1-64　收缩包裹　　　　图 2-1-65　摄像机贴图

投射显示，即投射 UV 显示的样式，包含"简单""网格""实体"三种。"简单"显示出投射区域，如图 2-1-66 所示。"网格"投射区域显示网格形态，如图 2-1-67 所示。"实体"投射区域显示棋盘格纹理，如图 2-1-68 所示。

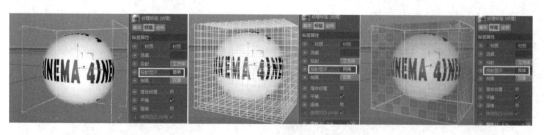

图 2-1-66　简单　　　　　　图 2-1-67　网格　　　　　　图 2-1-68　实体

侧面，设置纹理贴图的投射方向，包含"双面""正面""背面"，可以选择将纹理贴图投射在法线、非法线或两个面上。"双面"将纹理贴图投射在模型的正反两面上，如图 2-1-69 所示。"正面"将纹理贴图将投射在模型正面（法线面）上，如图 2-1-70 所示。"背面"将纹理贴图投射在模型反面（非法线面）上，如图 2-1-71 所示。

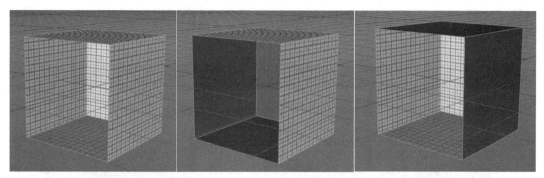

图 2-1-69　双面　　　　　　　　图 2-1-70　正面　　　　　　　　图 2-1-71　背面

"混合纹理选项"：当一个模型被赋予两个或两个以上材质的时候，赋予的新材质会覆盖旧材质，也就是说，默认情况只显示出新材质的效果。勾选"混合纹理选项"，会将新旧材质球效果相混合显示，如图 2-1-72 所示。不勾选"混合纹理选项"，只显示新材质效果，如图 2-1-73 所示。

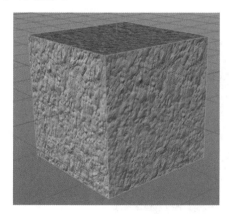
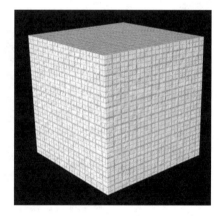

图 2-1-72　勾选"混合纹理选项"　　　　　图 2-1-73　不勾选"混合纹理选项"

"平铺"勾选后，激活下方的"重复"属性，可以设置纹理贴图在水平方向和垂直方向上的重复数量，如图 2-1-74 所示。"重复 U""重复 V"决定纹理贴图在水平方向和垂直方向上的最大重复次数，如图 2-1-75 所示。

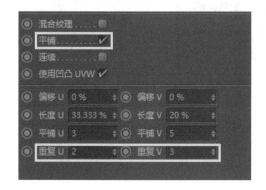

图 2-1-74　平铺　　　　　　　　　　图 2-1-75　重复 U、V

"连续"勾选后，纹理贴图产生镜像显示，如图 2-1-76 所示。观察纹理贴图效果，如图 2-1-77 所示。

图 2-1-76　连续

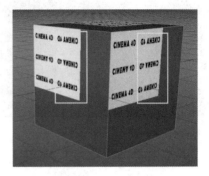

图 2-1-77　连续效果

"使用凹凸 UVW""投射"方式选择"UVW 贴图"后，该选项才能被激活，勾选后，增强凹凸效果，如图 2-1-78 所示。

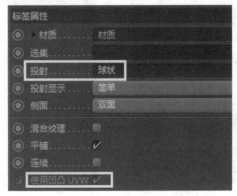

图 2-1-78　使用凹凸 UVW

"偏移 U""偏移 V"设置纹理贴图在水平方向和垂直方向上的偏移距离，如图 2-1-79 所示；观察偏移效果，如图 2-1-80 所示。

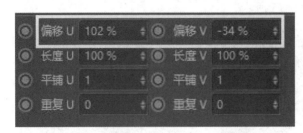

图 2-1-79　偏移

图 2-1-80　偏移效果

"长度 U""长度 V"设置纹理贴图在水平方向和垂直方向上的长度，调节时，"平铺 U""平铺 V"是同步变化的，如图 2-1-81 所示。

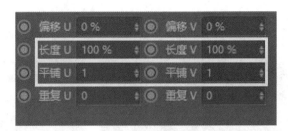

图 2-1-81 长度

3. 金属材质的调节

（1）利用学习过的材质知识制作金属的效果。导入文件"金属文件"，观察场景，如图 2-1-82 所示；在材质管理器单击"创建—新材质"创建新的材质球或按键盘快捷键"Ctrl+N"键，如图 2-1-83 所示。

图 2-1-82 金属文件

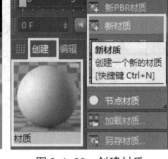

图 2-1-83 创建材质

（2）勾选材质球"反射"，如图 2-1-84 所示。在"默认高光"中，"类型"选择"GGX"、"衰减"选择"金属"、"粗糙度"输入"0"、"反射强度"输入"100"、"高光强度"输入"100"、"凹凸强度"输入"100"，如图 2-1-85 所示。单击"颜色"的"色块"，在弹出的"颜色拾取器"的"H、S、V"中分别输入"100、15、100"，如图 2-1-86 所示。

图 2-1-84 反射

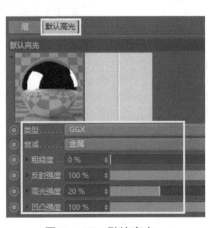

图 2-1-85 默认高光

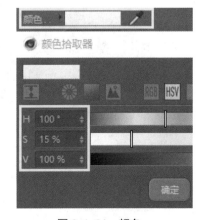

图 2-1-86 颜色

（3）在"纹理"选择"菲涅尔—混合模式"选择"添加"，"混合强度"输入"20"，如图 2-1-87 所示；单击"渐变图标"，在"渐变"中双击"黑色手柄"，在弹出的"渐变色标设置"对话框中，在"V"中输入"50"，点击"确定"，如图 2-1-88 所示。

图 2-1-87   调节属性

图 2-1-88   渐变

（4）将鼠标放置在材质球上，按住鼠标将材质球拖至模型上，如图 2-1-89 所示；在"工具栏"中单击 ▦ "渲染活动视图"，观察最终效果，如图 2-1-90 所示。

图 2-1-89   赋予材质

图 2-1-90   金属效果

4. 玻璃材质的调节

（1）利用学习过的材质知识制作玻璃的效果。导入文件"玻璃文件"，观察场景，如图 2-1-91 所示；在材质管理器单击"创建—新材质"创建新的材质球或按键盘快捷键"Ctrl+N"键，如图 2-1-92 所示。

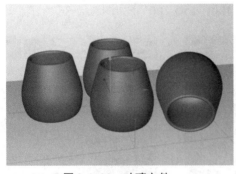

图 2-1-91   玻璃文件

图 2-1-92   新建材质

（2）不勾选材质球"颜色"、勾选材质球"透明"，如图 2-1-93 所示；在"透明"中，"折射率预设"选择"玻璃"，"折射率"（默认）输入"1.517"，如图 2-1-94 所示；勾选材质球"反射"，如图 2-1-95 所示。

图 2-1-93 透明

图 2-1-94 折射

图 2-1-95 反射

（3）将鼠标放置在材质球上，按住鼠标将材质球拖至模型上，如图 2-1-96 所示。在"工具栏"中单击 "渲染活动视图"，观察玻璃效果，如图 2-1-97 所示。

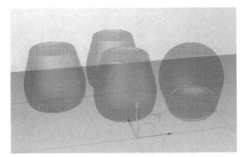

图 2-1-96 玻璃材质

图 2-1-97 玻璃效果

（4）此时玻璃效果并不理想，在边缘上有许多瑕疵。在"工具栏"中单击 "编辑渲染设置"，弹出"渲染设置"对话框，如图 2-1-98 所示；单击"抗锯齿"，在"抗锯齿"中选择"最佳"，如图 2-1-99 所示；再次进行渲染，观察玻璃效果，如图 2-1-100 所示。

图 2-1-98 渲染设置

图 2-1-99 抗锯齿

图 2-1-100 玻璃效果

（5）如果要给玻璃增添颜色，可以单击"透明"属性，设置"颜色"的数值。本案例在"H、S、V"中分别输入"100、2、100"，如图 2-1-101 所示；观察玻璃的最终效果，如图 2-1-102 所示。

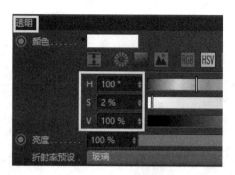

图 2-1-101　玻璃材质

图 2-1-102　玻璃效果

技能点二　灯　光

在三维世界中,"灯光"除了照亮物体外,还有一个重要作用就是用来烘托画面的气氛,其实就是对真实世界的光影的模拟。在 Cinema 4D 软件中,"灯光"是表现三维效果非常关键的环节,适当的光影效果能够凸显作品的主题与意境。可想而知,如果没有"灯光",再精美的模型与材质都是空谈。其实在启动 Cinema 4D 时,场景中就默认一个预设的"灯光",渲染时可以产生光影效果。此预设"灯光"有一个特性,会随着视角移动而改变位置,从而能够使用户清楚地看到场景中的内容(如果给场景增添了新的"灯光",将会代替默认的预设"灯光"进行物体照明)。

1. 灯光的类型

Cinema 4D 中包含多种类型的灯光,分别是"灯光""点光""目标聚光灯""区域光""IES 灯""无限光""日光""PBR 灯光"。单击菜单中"创建—灯光"即可选择所需"灯光"类型,如图 2-2-1 所示;或在工具栏中"灯光"图标也可选择所需"灯光"类型,如图 2-2-2 所示。

图 2-2-1　菜单中创建的灯光

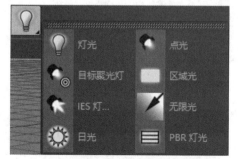

图 2-2-2　工具栏中创建的灯光

（1）灯光

灯光也叫泛灯光或是点光源。其特点是能从一个点（位置）向四周各个方向均匀照射的光线。使用"灯光"可以模拟蜡烛、灯泡等光源物体，如图 2-2-3 所示；移动"灯光"的位置可以发现，"灯光"离照射的目标对象越远，它照射的范围就越大，反之越小，如图 2-2-4 所示。

图 2-2-3　灯光

图 2-2-4　远近效果对比

（2）点光

点光也叫聚光灯，如图 2-2-5 所示。其特点是光线具有指定的照射方向，光线朝一个方向呈锥形照射，所以被照射的目标对象也会呈圆锥形显示，光束会随着距离增大而逐渐变宽。使用"点光"可以模拟探照灯、手电筒、射灯等光源物体，如图 2-2-6 所示。选择"点光"可以看到在圆锥上有 5 个黄点，使用鼠标左键按住位于圆心的黄点进行拖动，可以调节"点光"的长度，如图 2-2-7 所示。而另 4 个黄点用来调整整个聚光灯的照射范围，如图 2-2-8 所示。

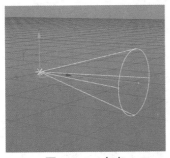

图 2-2-5　点光

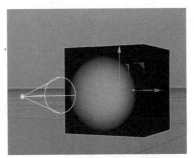

图 2-2-6 点　光效果

图 2-2-7　调节长度

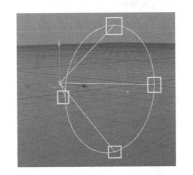

图 2-2-8　调节照射范围

（3）目标聚光灯

"目标聚光灯"与"点光"十分类似，如图 2-2-9 所示。区别是无论如何移动"目标聚光灯"，都会自动对准默认的目标对象 ，也就是说创建"目标聚光灯"后，只需要调节光源的位置即可，如图 2-2-10 所示。如果场景中有多个物体，也可以在"对象"窗口单击"灯光"的"目标表达式"图标⊚，在属性窗口的"目标对象"中拖入"球体"（需要照射物体），如图 2-2-11 所示。在场景中观察"目标聚光灯"的照射效果，如图 2-2-12 所示。

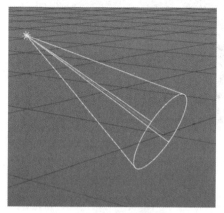

图 2-2-9　目标聚光灯

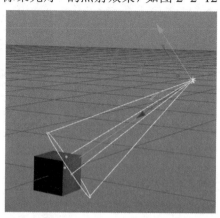

图 2-2-10　自动对准物体

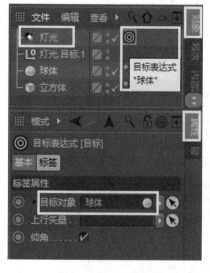

图 2-2-11　目标对象

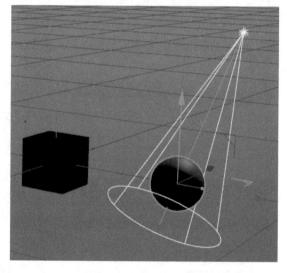

图 2-2-12　改变目标对象

（4）区域光

其特点是光源均匀柔和，是创建真实光影效果最好的光源之一 ，如图 2-2-13 所示。区域光是指光线从一个平面矩形区域向周围各个方向进行照射，从而形成一个有规律的照射平面。可以用来模拟窗户进来的日光、电子屏幕的光照等效果，同时可以创建散射的阴影效果，如图 2-2-14 所示。

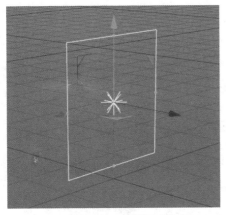

图 2-2-13 目标对象

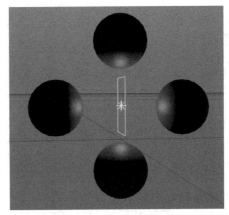

图 2-2-14 改变目标对象

（5）IES 灯

IES 文件就是光源（灯具）配光曲线文件的电子格式，因为它的扩展名为"IES"，所以就直接称它为 IES 文件。在三维软件里，就是给"灯光"指定一个文件，模拟与真实世界相同的光影效果。单击菜单中"创建—灯光—IES 灯"（或在工具栏单击"灯光—IES 灯"），在弹出"请选择 IES 文件"窗口中，双击需要的"IES"文件即可导入，如图 2-2-15 所示。在场景中创建"平面"，观察"IES 灯"的效果，如图 2-2-16 所示。

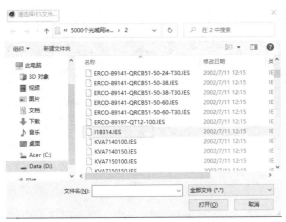

图 2-2-15 选择 IES 灯

图 2-2-16 IES 灯光效果

（6）无限光

无限光也叫远光源。其特点是照射的光线是平行的，没有距离的限制且数量无限。用于模拟太阳光，只要物体位于光线的传播方向上都会被照亮，如图 2-2-17 所示。"无限灯"与"灯光"相像，但是所照射的光线不同，"无限灯"的光线是平行的，而"灯光"的光线是存在角度的，如图 2-2-18 所示。

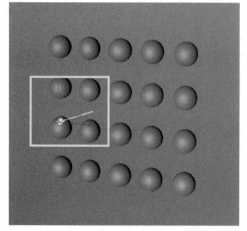 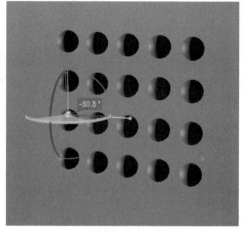

图 2-2-17　无限光效果　　　　　　　　　图 2-2-18　旋转角度后的效果

（7）日光

其特点就是模拟太阳，但是移动工具和旋转工具不能对其进行调节，需要在对象窗口单击"日光—日光表达式"图标 ，再在属性窗口调节"经度""纬度""距离"等属性数值，改变"日光"的照射效果，如图 2-2-19 所示。在"经度"输入"90、0、0"、"纬度"输入"180、0、0"，观察"日光"的灯光效果，如图 2-2-20 所示。

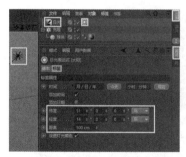 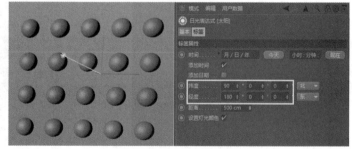

图 2-2-19　日光属性　　　　　　　　　图 2-2-20　日光效果

（8）PBR 灯光

PBR 灯光与区域光类似，如图 2-2-21 所示。但是其渲染速度更快，效果更真实自然，多配合 PBR 材质使用，如图 2-2-22 所示。

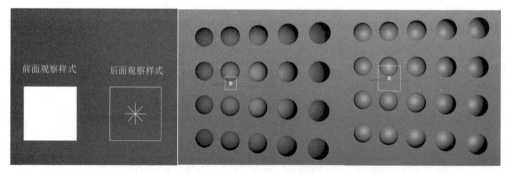

图 2-2-21　PBR 灯光　　　　　　　　图 2-2-22　PBR 灯光效果与区域光效果

2. 灯光的属性

创建灯光后,其调节参数将在属性窗口中显示,包含"基本""坐标""常规""细节""可见""投影""光度""焦散""噪波""镜头光晕""工程"等。灯光的属性设置基本相同,但是有一些特殊属性会在细节窗口显示出来,如图 2-2-23 所示。

图 2-2-23 灯光属性

(1)基本

主要设置灯光基本属性。"名称"设置灯光的名称;"图层":如果将灯光放置到层,在"图层"属性将显示相应的颜色;"编辑器可见"包含 3 种选项,分别是"默认""开启""关闭",设置"灯光"是否在"视图窗口"中可见;"渲染器可见"包含3 种选项,分别是"默认""开启""关闭",设置"灯光"是否在渲染器中可见;"启用"勾选后,灯光才能起到照明作用;"图标色"勾选后,灯光图标颜色会显示成灯光的颜色,如图 2-2-24 所示。

(2)坐标

主要设置灯光位置、缩放、旋转属性。"P.X/P.Y/P.Z"设置"灯光"对象坐标系的位置;"S.X/S.Y/S.Z"设置"灯光"对象坐标系的缩放比例;"R.H/R.P/R.B"设置"灯光"对象坐标系的旋转角度;"四元"勾选后,改变旋转的计算方式;"冻结变换"可参考本书第 17 页"项目一模型篇—3.6 冻结变换",如图 2-2-25 所示。

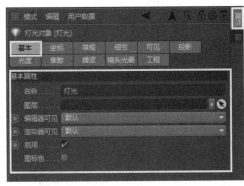

图 2-2-24 基本 　　　　　图 2-2-25 坐标

(3)常规

主要设置灯光基本属性及参数,如图 2-2-26 所示。"颜色"设置"灯光"的颜色;"使用色温"勾选后,可以使用"色温"进行调节;"色温"可以通过色温值来设置灯光颜色;"强度"设置灯光的照射强度;"类型"为可以选择的灯光类型,包含"泛光灯""聚光灯""远光灯""区域光""IES"(上一节介绍过的灯光)"四方聚光灯""平行光""圆形平行聚光灯""四方平行聚光灯"。其中"四方聚光灯"可以投射出方形的光影效果,如图 2-2-27 所示。"平行光"模拟一个无限大的表面投射单方向的光源,位于光源起点背后的东西则不会被照亮,如图 2-2-28 所示。"圆形平行聚光灯"是平行灯与聚光灯的结合,既拥有平行光的无限投射,又有聚光灯投射的圆形光源,如图 2-2-29 所示。"四方平行聚光灯"与"圆形平行聚光灯"类似,投射的是方形光源,如图 2-2-30 所示。

图 2-2-26　常规

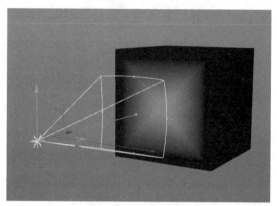

图 2-2-27　四方聚光灯

图 2-2-28　平行光

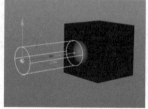

图 2-2-29　圆形平行聚光灯　图 2-2-30　方形平行聚光灯

"投影"设置光源产生的投影类型,包含"无"可以不让灯光产生阴影,如图 2-2-31 所示。"阴影贴图(软阴影)"阴影效果完美均匀柔和,边缘模糊看起来非常自然,如图 2-2-32 所示。"光线跟踪(强烈)"阴影效果强烈,形状、边缘清晰,如图 2-2-33 所示。"区域"阴影效果真实,根据光线的远近产生不同阴影效果,距离越近阴影就越清晰,距离越远阴影就越模糊,如图 2-2-34 所示。

图 2-2-31　无投影

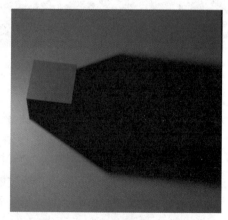

图 2-2-32　阴影贴图(软阴影)

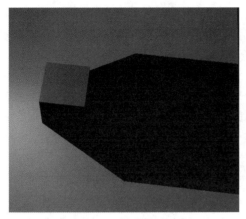

图 2-2-33 光线跟踪（强烈）

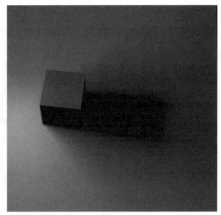

图 2-2-34 区域

"可见灯光"设置灯光的可见性，包含"无可见灯光""可见灯光""正向测定体积""反向测定体积"。"无"经过渲染看不到灯光效果，如图 2-2-35 所示。"可见"经过渲染可以看到灯光的体积，如图 2-2-36 所示。"正向测定体积"灯光照射在物体上会产生体积光，阴影衰减将被减弱，如图 2-2-37 所示。"反向测定体积"将在出现阴影的地方变成可见的光线，如图 2-2-38 所示。

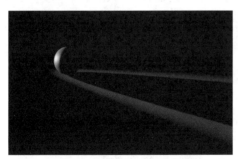

图 2-2-35 无可见灯光

图 2-2-36 可见灯光

图 2-2-37 正向测定体积

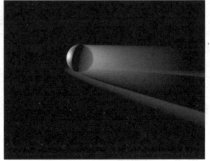

图 2-2-38 反向测定体积

"没有光照"勾选后，不显示灯光的投射效果；"显示光照"勾选后，灯光呈线框显示；"环境光照"勾选后，物体表面受到的光照强度是相同的，但是物体会失去立体感；"显示可见灯光"勾选后，显示可见灯光的线框；"漫射"勾选后，灯光会忽略物体的颜色属性，只在高光上产生照明；"显示修剪"勾选后，灯光成线框显示调整范围；"高光"勾选后，灯光在物体上产生高光；"分离通道"勾选后，渲染时灯光会单独创建漫射、高光和投影层（需要提前在多通道中设置参数）；"GI 照明"又称"全局照明"，勾选后物体之间会产生光线的反射；"导出到合成"勾选后，灯光会被导出到合成软件。

（4）细节

"细节"主要设置灯光细节的属性参数，属性参数会因灯光类型的不同而有所变化，如图 2-2-39 所示。"使用内部"勾选后，可以激活"内部角度"；"内部角度"调节灯光边缘的亮度衰减；"外部角度"调节灯光整体大小；"宽高比"调节灯光"X"轴与"Y"轴的比例；"对比"调节灯光照在物体上的明暗过渡的效果；"投影轮廓"勾选后，可以增强投影效果；"衰减"设置光线随距离而衰减的效果，包含"无""平方倒数（物理精度）""线性""步幅""倒数立方限制"；"内部半径"设置光线不会衰减的范围，光线在半径边界之外开始衰减；"半径衰减"设置衰减范围；"着色边缘衰减"勾选后（只对"聚光灯"有效），灯光颜色从中心向外放射状地显示颜色；"使用渐变"勾选后，激活"颜色"；"颜色"调节灯光的过渡效果；"仅限纵深方向"勾选后，光线将只沿着 Z 轴的正方向发射；"近处修剪／起点／终点"勾选"近处修剪"后，激活"起点／终点"属性，两个数值表示修剪的距离，数值差别越大，过渡就越柔和；"远处修剪／起点／终点"勾选"远处修剪"后，激活"起点／终点"属性，两个数值表示切断开始处和灯光完全消失处，数值差别越大，过渡就越柔和。使用泛光灯的修剪效果，1 表示近处修剪（起点）、2 表示近处修剪（终点）、3 表示远处修剪（起点）、4 表示远处修剪（终点），如图 2-2-40 所示。

图 2-2-39　细节

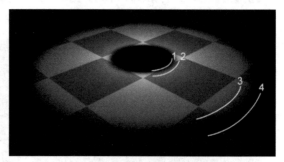

图 2-2-40　修剪效果

（5）可见

"可见"主要设置可见光的范围强度，如图 2-2-41 所示。"使用衰减"勾选后，激活"衰减"属性；"衰减"调节灯光的密度；"使用边缘衰减"只对"聚光灯"有效，可以激活"散开边缘"属性；"散开边缘"只对"聚光灯"有效，可以调节光线边缘处的羽化程度；"着色边缘衰减"只对"聚光灯"有效，勾选后，颜色从内部呈放射状地向外散布；"内部距离"控制小于"外部距离"范围的衰减；"外部距离"控制灯光的衰减范围；"相对比例"

只对"泛光灯"有效，调节三个相对比例来修改每个轴向的外部距离；"采样属性"调节可见灯光体积阴影的计算精细程度，数值越大计算就会越粗略但是更快速，数值越小计算越精细但是消耗的时间更多；"亮度"调节可见光的明亮程度；"尘埃"调节可见光的暗度；"抖动"调节产生不规则的可见光；"使用渐变"勾选后，激活"颜色"；"颜色"调节灯光的过渡效果；"附加"勾选后，可将多个可见光叠加到一起；"适合亮度"勾选后，可以防止光线过曝。

（6）投影

"投影"设置灯光不同的投影类型，如图 2-2-42 所示。"投影"包含 4 种投影方式，分别是"无""阴影贴图（软阴影）""光线跟踪（强烈）"和"区域"。其中"阴影贴图（软阴影）"的属性最全面；"密度"调节阴影的密度；"颜色"设置阴影的颜色，强化光影的对比；"透明"勾选后，可以计算透明度和 Alpha 通道；"修剪改变"勾选后，在"细节"属性的修剪设置会应用到投影和照明中；"投影贴图"设置图投影的分辨率，也可以选择"自定义"进行设置；"水平精度 / 垂直精度"可以调整"水平精度 / 垂直精度"提升阴影质量（通常水平精度与垂直精度保持一致）；"内存需求"自动计算阴影贴图使用的最大内存；"采样半径"调节投影的准确性；"采样半径增强"可以提高采样半径进行补偿（例如投影闪烁）；"绝对偏移"勾选后，设置浓度的偏移值，如果取消勾选，则激活"偏移（相对）"，此时物体与阴影的距离将根据光源到物体的距离来决定（相对偏移），光源离物体越远，阴影离物体也越远）；"偏移（相对）／偏移（绝对）"：如果物体太小，就会导致物体与阴影间的距离变得太远，就需要降低偏移数值来使阴影显示在正确位置上；如果物体太大，就会导致阴影直接投射到物体上，就需要增大偏移数值来使阴影显示在正确位置上；"平行光宽度"（只用在远光或平行光）可以将它理解成一个发光立方体，"平行光宽度"设置发光立方体的长度和宽度；"轮廓投影"勾选后，投影显示成一条轮廓线；"高品质"勾选后，提高过渡处的质量；"投影锥体"勾选后，激活"角度"与"柔和锥体"；"角度"设置投影锥体的垂直角度；"柔和锥体"勾选后，投影锥体变成柔和渐隐的边缘。

图 2-2-41 细节

图 2-2-42 修剪效果

（7）光度

设置灯光的光线效果，如图 2-2-43 所示。"光度强度"勾选后，激活"强度"与"单位"；"强度"设置灯光亮度的强弱；"单位"包含"烛光（cd）""流明（lm）"，"烛光（cd）"灯光强度只由强度值决定，与灯光的形状或尺寸无关，"流明（lm）"灯光强度主要由形状决定（如聚光灯的强度会随光锥收窄而变高）；"光度数据"勾选后，启用 IES 数据。如果取消勾选，则会以泛光灯形式显示，以"烛光（cd）"或"流明（lm）"调节强度；"文件名"显示"IES 灯光"的名称和路径；"光度尺寸"勾选后，"IES 灯光"转换成"区域光"，在"细节"属性里面会根据 IES 文件进行相应配置；"信息"显示 IES 文件中的各种信息（如果 IES 文件不包含这些信息，则显示为空）。

（8）焦散

"焦散"设置光线通过透明物体时光线的漫、折射效果，如图 2-2-44 所示。"表面焦散"勾选后，激活"表面焦散"的"能量""光子""衰减"。其中，"能量"设置表面焦散光子的起始能量，控制表面焦散效果的亮度，及每个光子的反射和折射的最大次数；"光子"设置表面焦散效果精度。"体积焦散"需要使用体积光，在属性管理器的常规标签页中，将可见灯光选择"正向测定体积"或"反向测定体积"，勾选后，激活"体积焦散"的"能量""光子"；"能量"设置体积焦散光子的起始能量，控制体积焦散效果的亮度，及每个光子的反射和折射的最大次数；"光子"设置体积焦散效果精度；"衰减"设置灯光的亮度衰减，包含"无""线性""倒数""平方倒数""立方倒数""步幅"等 6 种类型。

图 2-2-43 光度

图 2-2-44 焦散

（9）噪波

设置类似烟雾或闪耀光芒的效果，如图 2-2-45 所示。"噪波"为噪波的样式，包括"无""光照""可见""两者"4 种选择，"无"不产生噪波，"光照"产生不规则噪波效果照射在物体之上，"可见"噪波不会照射到物体对象上，而是影响可见光源，"两者"同时产生"照明"和"可见"两个效果；"类型"为噪波的类型，包含"噪波""柔性湍流""刚性湍流""波状湍流"4 种类型；"阶度"（只与湍流类型相关）决定了噪波的颗粒程度；"速度"设置不规则变化的速度；"亮度"提高或降低不规则效果的整体亮度；"对比"提高或降低数值影响噪波的对比;"局部"勾选后,噪波随着灯光一起移动;"可见比例"设置噪波效果在"X、Y、Z"轴向上的尺寸;"光照比例"设置被照射物体上的噪波尺寸;"风力"设置风力的方向;"比率"设置风力强度。

(10) 镜头光晕

模拟镜头的光晕效果,如图 2-2-46 所示。"辉光"即光晕的类型,包含"无""自定义""默认""Cinema 4D R4""广角""缩放""Hi-8""摄像机""探照灯""人造对象""星形1""星形2""星形3""紫色""手电""日光1""日光2""灰度""蓝色1""蓝色2""红色""黄绿1""黄绿2""蜡烛";"亮度"设置辉光的亮度;"宽高比"设置辉光宽度和高度的比例;"设置"点击"编辑"按钮,弹出"辉光编辑器"对话框,可以对辉光的细节进行设置,如图 2-2-47 所示;"反射"即镜头光斑样式,包括"无""自定义""默认""Cinema 4D R4""广角""缩放""Hi-8""摄像机""探照灯""人造对象""星形1""星形2""星形3""紫色""手电1""手电2""手电3";"亮度"设置光斑的亮度;"宽高比"设置光斑宽度和高度的比例;"设置"点击"编辑"按钮,弹出"镜头光斑编辑器"对话框,可以对光斑的细节进行设置,如图 2-2-48 所示;"缩放"设置镜头光晕和镜头光斑的尺寸;"旋转"设置镜头光晕的角度。

图 2-2-45 噪波

图 2-2-46 镜头光晕

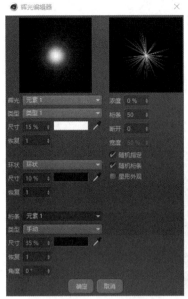

图 2-2-47　辉光编辑器　　　　　　　　　　图 2-2-48　镜头光斑编辑器

（11）工程

控制灯光对物体是否照明以及照明的程度，如图 2-2-49 所示。"模式"选择灯光与物体的关系，包含"排除"与"包括"。要对特定物体关闭灯光选择"排除"，然后从"对象窗口"中拖动要排除的对象名称到"对象"框中，需要照亮特定物体选择"包括"，然后从"对象窗口"中拖动要照亮的物体名称到"对象"框中。"对象"控制启用或禁用照明、高光和投影。从左至右："对象图标""照明""高光""投影""子级别"，如图 2-2-50 所示；"PyroCluster 光照/PyroCluster 投影"（只在 Cinema 4D Studio 中可用）设置光源是否照亮烟雾、蒸汽或光源是否使烟雾、蒸汽产生投影。

图 2-2-49　工程　　　　　　　　　　　　图 2-2-50　对象

3. 布光的基本方法

在三维世界中灯光十分重要，优秀的作品都离不开优秀的灯光。灯光的存在不只是为了照明，更重要的是起到烘托气氛的作用，既突出了主体又引导了艺术应用，是三维制作中不可缺少的组成部分，对三维作品的风格起着决定性的作用。如不同颜色的灯光有着不同的含义，红色代表热情、活泼、革命、温暖、幸福、危险；橙色代表华丽、兴奋、快乐；黄色代表明朗、愉快、高贵、希望、注意；绿色代表新鲜、平静、和平、青春；蓝色代表深远、永恒、沉静、理智、寒冰；白色代表纯洁、纯真、朴素、神圣；黑色代表崇高、严肃、沉默、黑暗、恐怖，这些灯光颜色都会影响整体氛围，如图 2-2-51 所示。

图 2-2-51　灯光颜色

三点布光法是最基础、最实用的布光方法，只是运用主光、辅助光、背景光 3 种灯光就可以进行照明布置，能将物体的质感、立体感、纵深感呈现出来，能够更好地营造出画面的空间感、透视感，如图 2-2-52 所示。

主光，即画面的主要光线，决定着画面中光源的方向，它的灯位在人物正前方呈弧型排列，通常会放在物体的斜上方 45°左右的位置（但不是一个固定不变的准则）。主光源是首先放置的光源，确定光源的角度，决定主要的明暗关系，包括投影的方向、高光以及主色调。

辅助光，是用来照明场景中黑暗和阴影区域，让物体的更多部分可见，可以提供景深和真实的感觉。增强明暗区域之间的反差形成层次，定义了场景的基调。辅助光源的亮度须比主光源弱，以免破坏光线的主次关系。辅助光源可以不止一盏，但不能生成阴影，否则场景中会有多个阴影，看起来十分混乱。辅助光放在主光源侧位，能够照射到主光未照射位置即可，颜色设置成与主光相对的颜色，即两者是冷暖对比的关系。

背景光，也叫轮廓光，作用是增加物体背景的亮度，强调物体的外形轮廓线条，区别物体与周围环境的关系。背景光亮度宜暗不宜亮，只对物体引起很小的边缘光。可以放置在主光的正对面，如果场景中有圆角边缘的物体，这种效果能增加场景的可信性。

布光的顺序是，先确定主光的位置与强度，再确定辅助光的强度与角度，最后分配背景光。这样产生的布光才能达到主次分明、互相补充的效果。此外还需要特别注意的是，灯光宜精不宜多，过多的灯光使工作过程变得杂乱无章，也会影响渲染速度，反而降低工作效率。布光时应该遵循由主题到局部、由简到繁的过程。对于灯光效果的形成，应该先调角度定下主格调，再调节灯光的衰减等特性来增强真实感，最后调整灯光的颜色做细节修改。

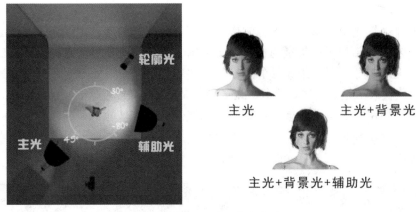

图 2-2-52 三点布光法

4. 摄像机的创建

在 Cinema 4D 场景中，进行操作的各个视图窗口，其实就是一个默认的"摄像机"，对视图窗口的各种操作就是对"摄像机"的操作。在实际制作过程中，需要创建新的"摄像机"来实现动画效果。"摄像机"包含 6 种类型，分别是"摄像机""目标摄像机""立体摄像机""运动摄像机""摄像机变换""摇臂摄像机"，这些摄像机虽然各有各的特点，但是属性基本相同（本书以"摄像机"做主要讲解对象）。"摄像机"的创建可以在"菜单栏—创建—摄像机"中进行选择，如图 2-2-53 所示。或是在工具栏的"摄像机"中进行选择，如图 2-2-54 所示。

图 2-2-53 菜单栏的摄像机

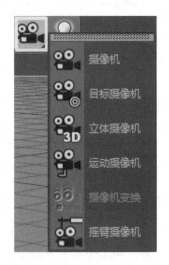

图 2-2-54 工具栏的摄像机

创建"摄像机"后，可在视图窗口中选择"摄像机—使用摄像机"，在弹出的窗口选择相应的摄像机，如图 2-2-55 所示。此时在视图窗口中就以创建的"摄像机"视角显示视图的内容，如图 2-2-56 所示。

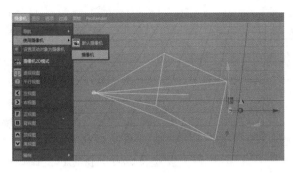

图 2-2-55　使用摄像机　　　　　　　　图 2-2-56　摄像机视角

（1）基本

创建"摄像机"后，在对象窗口选择"摄像机"，如图 2-2-57 所示。在"属性"窗口可以调节"摄像机"的"基本""坐标""对象""物理""细节""立体""合成""球面"等属性。"基本"是对"摄像机"的基础属性的设置。"名称"可以更改摄像机名字；"图层"对"摄像机"所处图层进行更改或编辑；"编辑器可见/渲染器可见"设置摄像机在编辑器中和渲染器中是否可见；"使用颜色/显示颜色"开启或关闭摄像机的使用颜色和显示颜色，如图 2-2-58 所示。

图 2-2-57　对象窗口　　　　　　　　　图 2-2-58　基本

（2）坐标

"坐标"设置摄像机位置、缩放、旋转属性。"P.X/P.Y/P.Z"设置"摄像机"世界坐标系的位置；"S.X/S.Y/S.Z"设置"摄像机"世界坐标系的缩放比例；"R.H/R.P/R.B"设置"摄像机"世界坐标系的旋转角度；"四元"勾选后，改变旋转的计算方式；"冻结变换"可参考"项目一模型篇/技能点三/6.冻结变换"，如图 2-2-59 所示。

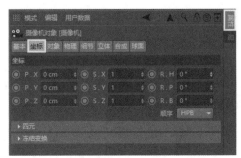

图 2-2-59　坐标

（3）对象

　　"对象"设置摄像机的规格，如图 2-2-60 所示。"投射方式"选择摄像机视角，包含"透视试图""平行""右视图""左视图"等多种视角，如图 2-2-61 所示。"焦距"简单地说就是从光线在镜头内与相机感应器接触点开始计算的光程，焦距长则拍摄距离远、视野小，也就是说，长焦镜头、焦距短拍摄距离近、视野广，即广角镜头；"传感器尺寸"焦距不变，传感器尺寸越大视野范围越大，传感器尺寸越小视野范围越小；"视野范围 / 视野（垂直）"即摄像机的上下左右的可见范围；"胶片水平偏移 / 胶片垂直偏移"（不改变视角的情况下）调整物体在摄像机视图中的位置；"目标距离"设置目标点与摄像机的距离；"焦点对象"设置焦点物体，可从"对象"窗口中拖动物体到"焦点对象"；"自定义色温"可调节色温；"仅影响灯光"勾选后，色温只影响灯光。

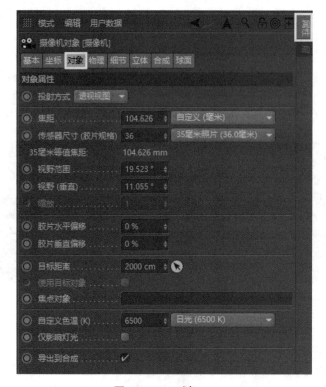

图 2-2-60　对象

图 2-2-61　投射方式

（4）物理

　　"物理"设置摄像机的镜头属性，如图 2-2-62 所示。"光圈"控制光线进入摄像机的多少，光圈值小、景深大，光圈值大则景深小；"曝光"勾选后，激活"IOS"；"IOS"又称感光度，是对光线的敏感程度，感光度高则画质低，而感光度低则画质高；"快门速度"控制光线进入相机时间的长短，快门快则图像清晰，快门慢则图像模糊，如图 2-2-63 所示；"暗角强度 / 暗角偏移"调节画面四角暗色的强弱与位置。

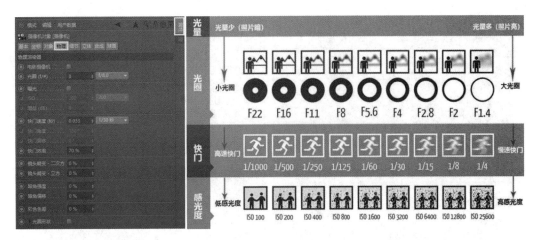

图 2-2-62 物理　　　　　　　图 2-2-63　光圈、快门、感光度关系

（5）细节

"细节"设置摄像机属性的细节参数，如图 2-2-64 所示。"启用近处剪辑/启用远端修剪"勾选后，激活"近端剪辑／远端修剪"；"近端剪辑／远端修剪"对摄像机所显示物体的近端和远端进行修剪；"景深映射－前景模糊／景深映射－背景模糊"勾选后，激活前景模糊或背景模糊；"开始/终点"（需要在渲染器添加"景深"效果）设置"景深映射－前景模糊，如图 2-2-65 所示。设置为"景深映射－背景模糊"时的效果，如图 2-2-66 所示。

图 2-2-64　细节　　　　图 2-2-65　前景模糊　　　图 2-2-66　背景模糊

（6）立体

如图 2-2-67 所示，设置摄像机模拟 3D 影像拍摄，如图 2-2-68 所示。

图 2-2-67　立体

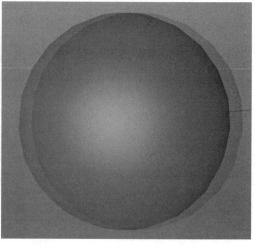
图 2-2-68　3D 影像

（7）合成

如图 2-2-69 所示，选择摄像机的构图模式，如图 2-2-70 所示。

图 2-2-69　合成

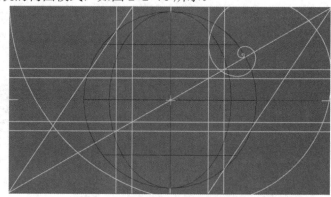
图 2-2-70　构图模式

（8）球面

如图 2-2-71 所示，设置摄像机的全景图效果，如图 2-2-72 所示。

图 2-2-71　球面

图 2-2-72　全景图效果

技能点三　渲　染

简单地说"渲染"就是呈现最终画面效果，在正常三维制作中是最后一道重要程序。相当于使用相机对景色拍照的那一瞬。当然，按下快门很简单，而拍照前对相机的设置是影响效果的关键，三维制作中的"渲染"就相当于拍照前对相机的设置。关于"渲染"命令的选择可以单击"菜单—渲染"，如图 2-3-1 所示；或"工具栏—渲染活动视图—渲染到图片查看器"（单击是"渲染到图片查看器"，长按则弹出"编辑渲染设置"）"编辑渲染设置"，如图 2-3-2 所示。

图 2-3-1　渲染

图 2-3-2　工具栏

（1）渲染当前活动视图

对当前选择的视图窗口进行渲染预览，或按键盘快捷键 Ctrl+R（此时渲染出的图像不能被导出），如图 2-3-3 所示。

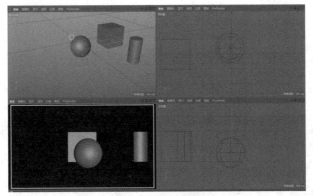

图 2-3-3　渲染当前活动视图

（2）区域渲染

预览局部的渲染效果，使用鼠标左键框选视图窗口中需要渲染的区域即可，如图 2-3-4 所示。

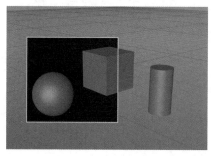

图 2-3-4　区域渲染

（3）渲染激活对象

只是对选择的物体进行图像渲染（如果没有选择的物体则不能使用此命令），如图 2-3-5 所示。

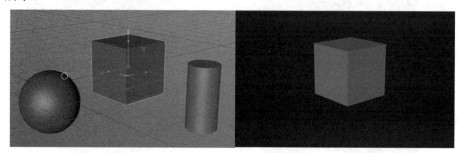

图 2-3-5　渲染激活对象

（4）渲染到图片查看器

可以将当前视图窗口渲染到"图片查看器"，或按键盘快捷键 Shift+R（图片查看器中的图片可以进行导出），其中包含"文件""编辑""查看""比较""动画""导航器""柱状图""历史""信息""层""滤镜""立体"等命令，如图 2-3-6 所示。

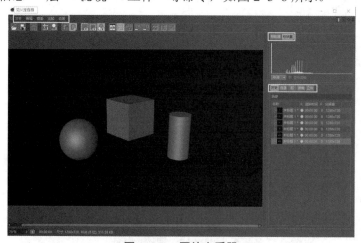

图 2-3-6　图片查看器

1）文件

对渲染的图像进行打开和保存等操作，如图 2-3-7 所示。

2）编辑

对"图片查看器"中渲染的图像文件进行编辑操作，如图 2-3-8 所示。

3）查看

对"图片查看器"的显示进行调节，如图 2-3-9 所示。

4）比较

对渲染的两张图像（A 和 B）进行对比观察。例如，选择一张图像将其设置成 A，然后再选择需要比较的图片设置成 B，对两张图片进行比较，如图 2-3-10 所示。

5）动画

对序列帧文件进行动画观察，如图 2-3-11 所示。

6）导航器

如图 2-3-12 所示。柱状图，如图 2-3-13 所示。两种不同的对渲染图像的观察方式。

图 2-3-7　文件

图 2-3-8　编辑

图 2-3-9　查看

图 2-3-10　比较

图 2-3-11　动画

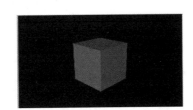

图 2-3-12　导航器

图 2-3-13　柱形图

7）历史

如图 2-3-14 所示，显示"图片查看器"中渲染的图像历史，可以对这些图像历史进行选择和信息查看。

8）信息

如图 2-3-15 所示，显示选中图像的信息。

9）层

如图 2-3-16 所示，显示图像的分层及通道信息。

图 2-3-14　历史

图 2-3-15　信息

图 2-3-16　层

10）滤镜

如图 2-3-17 所示，勾选"激活滤镜"后，可对图像进行校色处理。

11）立体

如图 2-3-18 所示，显示渲染中的音频文件。

图 2-3-17　滤镜

图 2-3-18　立体

（5）创建动画预览

针对有动画的场景，用于场景复杂不能即时观看动画的情况（或按键盘快捷键 Alt+B）。在弹出"创建动画预览"对话框中，可以设置预览动画的预览的范围、格式、图像尺寸、帧频等属性，如图 2-3-19 所示。

（6）添加到渲染队列

将当前的文件导入到"渲染队列"中。

（7）渲染队列

主要用于批量渲染文件。1 主要作用是导入场景文件、开始或停止渲染、查看日志记录等基础功能；2 是渲染文件列表，导入的文件全部显示在列表当中；3 显示被选中的文件信息；4 渲染进度条，显示渲染文件的起始帧及结束帧；5 场次，选择主场次、子场次，通常默认主要场次；6 渲染设置，即渲染的属性调节，通常选择默认。摄像机即渲染时使用的摄像机；7 输出文件，渲染的存放路径，单击可选择存放路径；8 多通道文件，多通道渲染输出文件的存放路径，单击可选择存放路径；9 日志，渲染日志的存放路径，单击可选择存放路径，如图 2-3-20 所示。

（8）交互式区域渲染（IRR）

可以对选择的渲染区域进行实时渲染，再次单击"交互式区域渲染"即可关闭渲染，如图 2-3-21 所示。渲染效果的清晰度可通过渲染区域右侧的白色小三角上下调节。

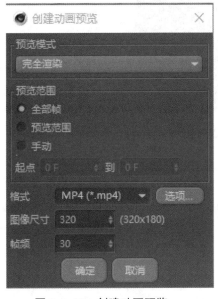

图 2-3-19　创建动画预览

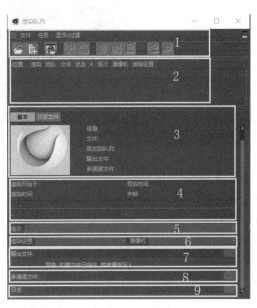

图 2-3-20　渲染队列

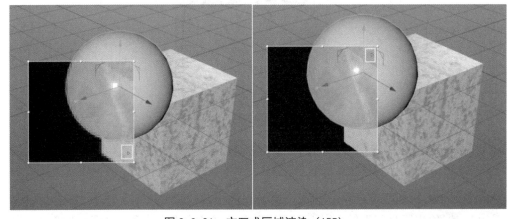

图 2-3-21　交互式区域渲染（IRR）

（9）渲染设置

可以用来设置文件的各种渲染参数，包含"渲染器""输出""保存""多通道""抗锯齿""选项""立体""Team Render""材质覆写""效果""多通道渲染"等属性，如图 2-3-22所示。

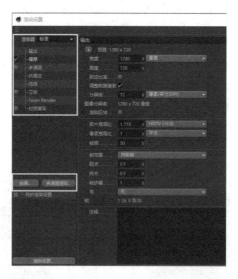

图 2-3-22　渲染设置

1）渲染器

用于设置渲染时使用的渲染器类型，包含"标准"（默认使用的渲染引擎）、"物理"（模拟真实的物理环境进行渲染，如景深或动态模糊等效果）、"软件 OpenGL"/"硬件 OpenGL"（OpenGL 在使用显卡时渲染速度最快），它们都是视窗中显示的渲染器；"ProRender"为新型的渲染器，渲染效果真实快速，噪点较少，但是必须配合 PBR 材质和灯光，如图 2-3-23所示。

图 2-3-23　渲染器

2）输出

渲染文件的导出进行设置。"预置"有常用的预置分辨率选项，包含"屏幕""互联网""视频/胶片""出版打印"等；"宽度/高度"自定义分辨率大小和的单位；"锁定比率"勾选后，分辨率大小按比率变换；"分辨率"设置渲染图片的分辨率大小及尺寸；"渲染区域"

勾选后，（调节左侧边框、顶部边框、右侧边框、底部边框可以确定渲染范围）可以对选择的区域进行渲染；“胶片宽高比”调节渲染区域的宽度和高度比率；“像素宽高比”调节像素的宽度和高度比率；“帧频”调节渲染的帧速率；“帧范围”设置动画的渲染范围，包含“手动”（手动输入渲染帧的起点和终点），“当前帧”（仅渲染当前帧），“全部帧”（渲染全部内容），“预览范围”（仅渲染预览范围的内容）；“起点 / 终点”手动输入渲染的帧范围；“帧步幅”设置多少帧渲染一次；“场”可以平滑播放效果（“场”只适用于视频输出，不适合在静帧中使用）包含“无”（渲染完整的帧），“偶数优先 / 奇数优先”（先渲染偶数场 / 先渲染奇数场），如图 2-3-24 所示。

　　3）保存

　　保存渲染文件的参数。“保存”勾选后，渲染到“图片查看器”的文件将自动保存；“文件”设置渲染文件的保存路径；“格式”设置渲染文件的格式及编码；“深度”设置颜色通道的色彩深度；“名称”渲染出的图像按照序列的格式命名；“图像色彩特性”设置图像的色彩配置文件；“Alpha 通道”勾选后，渲染时将计算出 Alpha 通道（透明通道）；“直接 Alpha”勾选后，方便后期的合成制作；“分离 Alpha”勾选后，将 Alpha 通道与渲染图像分开保存；“8 位抖动”增强了图像质量，但文件的尺寸也随之增大；“包括声音”勾选后，就意味着选择了视频格式，可以将声音合成到视频中，如图 2-3-25 所示。

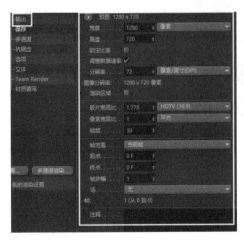

图 2-3-24　输出

图 2-3-25 保存

　　4）多通道

　　即“分层渲染”，在渲染时单击“多通道渲染”，可以选择单独的图层通道，渲染出单独的图层，也可以将多个通道合并成一个混合通道，都将利于后期合成。“分离灯光”选择光源形成单独的图层，其中“无”没有单独的图层，“全部”是每个光源都有单独的图层，“选取对象”启用了“分离通道”选项的光源会有单独的图层；“模式”调节光源的“漫射”“高光”“投影”的分层模式，包含“1 通道　漫射+高光+投影”（给光源的“漫射”“高光”“投影”增添一个混合的图层）、“2 通道　漫射+高光，投影”（给光源的“漫射”和“高光”增添一个混合图层，给“投影”一个单独图层）、“3 通道　漫射+高光+投影”（分别给光源的“漫射”“高光”“投影”增添单独的图层）；“投影修正”勾选后，可以防止由于抗锯齿的原因，产生的边缘轻微瑕疵，如图 2-3-26 所示。

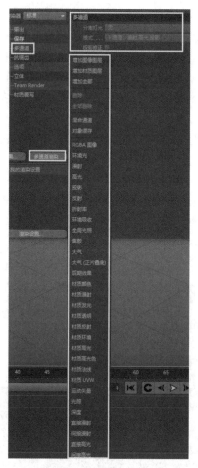

图 2-3-26　多通道

5）抗锯齿

通过计算多个色值后使用均值得到最终的颜色，从而消除图片中的锯齿状边缘。"抗锯齿"包含"无"（输出的图像不进行抗锯齿处理）、"几何体"（会平滑所有物体边缘）、"最佳"（开启颜色抗锯齿，柔化阴影的边缘，使物体边缘较平滑）；"最小级别/最大级别"设定像素的最小值与最大值，通常数值越大效果越好；"阈值"设置抗锯齿效果的程度；"使用对象属性"勾选后，可以使用合成标签单独对每个物体指定最小/最大级别和阈值；"考虑多通道"勾选后，提升多通道的抗锯齿质量；"过滤"设置抗锯齿模糊或锐化的模式，包含"立方（静帧）"（用于静帧图片的锐化）、"高斯（动画）"（通过对视频锯齿边缘的模糊来产生平滑效果）、"Mitchell"［与"高斯（动画）"类似，但更锐利］、"Sinc"（抗锯齿效果好，但渲染时间较长）、"方形"（参考像素附近区域的抗锯齿程度）、"三角""Catmull"（抗锯齿效果不理想，均较少使用）、"PAL/NTSC"（抗锯齿效果非常柔和），如图 2-3-27所示。"自定义尺寸/滤镜宽度/滤镜高度"：勾选"自定义尺寸"后，可以调节"滤镜宽度/滤镜高度"的参数；"剪辑负成分"勾选后，抗锯齿效果更自然；"MIP 缩放"全局缩放MIP/SAT 贴图。"微片段"提升渲染效率，包含"混合"，它结合了"扫描线"和"光影追踪"的优点；"扫描线"特点是效率高，但算法复杂、速度慢；"光影追踪"特点是效果好，但抗锯齿效果较差,如图 2-3-28 所示。

图 2-3-27 过滤

图 2-3-28 抗锯齿

6)选项

进行渲染属性的选择和参数的调节。"透明"勾选后,激活"透明"属性;"光线阈值"有助于优化渲染时间;"折射率"勾选后,激活"折射率"属性;"跟踪深度"设置渲染器能够计算透明物体的多少;"反射"勾选后,激活"反射"属性;"反射深度"调节渲染质量,限制渲染时间;"投影"勾选后,激活"投影"属性;"投影深度"与"反射深度"类似,设置"投影"在物体表面反射次数及出现时间;"限制反射仅为地板/天空"勾选后,只在反射表面计算地板和天空的光影追踪效果;"细节级别"设置所有物体的细节程度;"模糊"勾选后,可以使反射的粗糙度和透明产生模糊效果;"全局亮度"设置场景中全部光源的亮度;"限制投影为柔和"勾选后,只渲染柔和过渡的阴影;"运动比例"在渲染多通道矢量运动时设置矢量运动长度;"缓存投影贴图"勾选后,提升投影渲染速度;"仅激活对象"勾选后,只渲染选中的物体;"默认灯光"勾选后,场景中会使用一个默认灯光来渲染场景;"纹理"勾选后,在渲染时显示纹理效果;"显示纹理错误"勾选后,在渲染时纹理出现错误,单击提示窗口将取消渲染;"测定体积光照"勾选后,体积光能够投射阴影;"使用显示标签细节级别"勾选后,渲染器会使用显示标签指定的细节级别;"渲染 HUD"勾选后,在渲染图像或动画中显示 HUD 信息;"渲染草绘"勾选后,绘制效果在渲染输出显示;"次多边形置换"勾选后,可以显示次多边形置换效果;"后期效果"勾选后,显示后期效果;"同等噪点分布"勾选后,噪点会在每个渲染图像中随机分布;"次表面散射"勾选后,启用"次表面散射"效果;"区块顺序"设置区块渲染的大小和顺序;"自动尺寸"勾选后,"区块顺序"的渲染自动计算大小,如图 2-3-29 所示。

7）立体

设置 3D 效果的显示，"计算立体图像"设置立体图像的渲染和保存，包含"独立通道"（根据通道数量，渲染多个摄像机视图）、"合并立体图像"（使用左右视图渲染立体图像）、"独立通道与合并图像"（结合独立通道与合并图像渲染出立体图像）；"单一通道"渲染一个单摄像机视图，选择被渲染通道；"非立体图像"勾选后，可以在立体视图之外计算正常的摄像机视图；"使用文件夹保存"勾选后，单独通道和立体图像会分别保存到文件夹；"通道"设置通道的数量；"模式"即 3D 效果的样式，包含"立体（Anaglyph）"（图像的颜色信息通过两色眼镜被分开）、"Side-by-Side"（左右图像被切换和压缩成一个正常的图像大小）、"交错"（图片编码成单一图片）、"附加视差（像素）"（设置左右图像的移动、增强立体效果）；"交换左/右"勾选后，左右图像会被互换；"系统"当使用"立体（Anaglyph）"时，设置立体色彩的编码；"算法"计算 3D 效果的方法，如图 2-3-30 所示。

图 2-3-29　选项

图 2-3-30　立体

8）Team Render

Cinema 4D 的网络渲染概念，它使用点对点通信来分配渲染任务，从而提升渲染速度。

"分布次表面缓存"勾选后，会在 Team Render 电脑上发布该缓存；"分布环境吸收缓存"勾选后，会在 Team Render 电脑上发布环境吸收缓存；"分布辐照缓存"勾选后，会在 Team Render 电脑上发布辐照缓存；"分布光线映射缓存"勾选后，会在 Team Render 电脑上发布光线映射缓存；"分布辐射贴图缓存"勾选后，会在 Team Render 电脑上发布辐射贴图缓存，如图 2-3-31 所示。

9）材质覆写

用简单的材质替代现有的材质进行渲染，包含"漫射颜色（包含"颜色"和"漫射"通道）""自发光""透明度""反射率""凹凸""法线""Alpha""置换"。勾选"透明度""凹凸""法线""Alpha""转换"选项后，就会保持原始材质的特定，如图 2-3-32 所示。

图 2-3-31　Team Render

图 2-3-32　材质覆写

10）渲染设置

单击渲染设置按钮弹出菜单。"新建"为新建一个"我的渲染设置";"新建子级"为新建的"我的渲染设置",自动变成选择的"我的渲染设置"的子级别;"删除"为删除选择的"我的渲染设置";"复制／粘贴"为复制或粘贴"我的渲染设置";"设置激活"为激活选择的"我的渲染设置";"保存差异预置／保存预制"为保存自定义的"我的渲染设置";"应用差异预置／加载预置"调用之前保存过的"我的渲染设置",如图 2-3-33 所示。

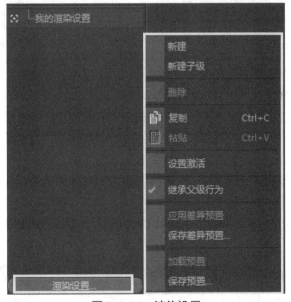

图 2-3-33　渲染设置

11）效果

通过该菜单中的选项,可以选择一些特殊的渲染效果。如果需要删除效果,单击鼠标右键在弹出菜单中选择"删除"或单击键盘"Delete"键即可。

①全局光照

全局光照又称 GI 光照,相当于直接光照与间接光照的融合效果,能模拟真实世界的光线反弹照射现象,是将一束光投射到物体表面后打散成多条不同方向的光线,反弹照射其他物体又再次被打散成多条光线，继续照射其他物体的过程，这种传递过程就是全局光照。"常规"中"预设"保存有多种参数组合，可以直接选择使用，大致可分成"室内"（通过较少和较小规模的光源，在一个有限的范围内产生全局光照）、"室外"（建立在一个开放的天空环境下，从一个较大的表面发射出均匀的光线）、"自定义"（自行调节各项参数）、"默认"（最快的计算全局光照的设置）、"对象可视化"（对多个光线反射进行渲染）、"进程式渲染"（快速地渲染出低质量图像，再逐步提高）；"首次反弹算法"为选择摄像机视野范围内所接受的物体表面的亮度；"二次反弹算法"为选择摄像机视野范围外的物体照明效果；"Gamma"调节渲染过程中的画面亮度，如图 2-3-34 所示。"辐照缓存"可以用更短的时间，渲染出更高质量的品质，尤其是提升细节处的渲染品质，如图 2-3-35 所示。

图 2-3-34　常规

图 2-3-35　辐照缓存

　　"缓存文件"保存 GI 计算的大量数据，再次渲染不产生新的数据，节省渲染时间，清除所有保存的缓存数据；"仅进行预解算"勾选后，渲染只会显示预解算的效果，不显示全局光照效果；"跳过预解算"勾选后，直接进行全局光效果渲染；"自动载入"勾选后，将自动加载保存过的文件，或产生新的缓存文件；"自动保存"勾选后，自动保存全局光照效果；"全动画模式"勾选后，保证动画的渲染质量，如图 2-3-36 所示。"选项"中"调试报告级别"保存关于渲染信息的文件；"玻璃/镜反射优化"设置参数减少资源消耗；"折射焦散"勾选后，开启"折射焦散"；"反射焦散"勾选后，开启"反射焦散"；"仅漫射照明"勾选后，只渲染全局光的亮度漫射；"显示采样点"勾选后，节省渲染时间，如图 2-3-37 所示。

图 2-3-36　缓存文件

图 2-3-37　选项

②景深

景深指聚焦的焦点前后清晰的区域，简单来说就是，画面中景象清晰的范围。"模糊强度"设置景深的模糊强度数值；"距离模糊"勾选后，前景模糊与背景模糊的距离范围产生景深的效果；"背景模糊"勾选后，将对背景物体产生模糊效果；"径向模糊"勾选后，从中心向四周增强模糊效果；"自动聚焦"勾选后，能够对目标自动调节准确清晰的成像；"使用渐变/前景模糊/背景模糊"中勾选"使用渐变"，可以调节"前景模糊/背景模糊"的过渡效果，如图 2-3-38 所示。如果想要得到更好的景深效果，除了在渲染设置调节景深外，还需在摄像机中调节前景模糊或背景模糊，如图 2-3-39 所示。

图 2-3-38　景深

图 2-3-39　摄像机景深

③焦散

焦散是指光线穿过一个透明物体，光线被折射出现漫折射，在投影表面出现光子分散效果。"表面焦散"勾选后，开启表面焦散；"体积焦散"勾选后，开启体积焦散；"强度"调节焦散效果的强度；"步幅尺寸 / 采样半径 / 采样"调节焦散质量，如图 2-3-40 所示。

④色彩校正

色彩校正用于渲染出的图像进行色彩调节。"饱和度"调节图像颜色的鲜艳程度；"亮度"调节图像整体变亮或变暗；"对比度"调节图像的明暗对比；"曝光"调节图像的亮度；"Gamma"设置亮度值的显示强度；"红/绿/蓝"勾选后，开启颜色通道；"暗调值/明度值"设置图像最亮点和最暗点；"分级强度"调节色彩校正的强度；"曲线最小/曲线最大"设置曲线生效的区域；"曲线"设置图像整体亮度；"RGB 曲线"分别调节红/绿/蓝通道的色彩与亮度，如图 2-3-41 所示。

图 2-3-40　焦散

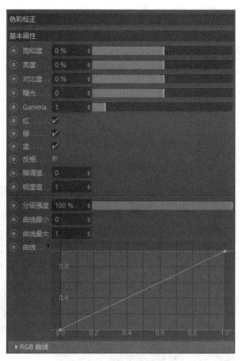

图 2-3-41　色彩校正

⑤环境吸收

环境吸收也称 AO 效果，决定了每个可见表面的曝光程度，并相应地加深了颜色，如图 2-3-42 所示。

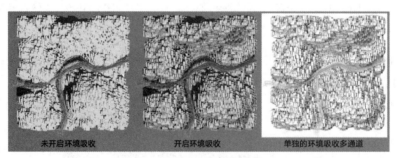

图 2-3-42　环境吸收效果

"基本"中，"应用到工程"勾选后，环境吸收不会影响材质；"颜色"调节环境吸收颜色效果；"最小光线长度/最大光线长度"调节环境吸收颜色范围大小；"散射"调节物体表面的采样范围；"采样精度/最小取样值/最大取样值"调节环境吸收的质量；"对比"调节环境吸收效果的对比度；"使用天空环境"勾选后，天空颜色与环境吸收效果相融合；"评估透明度"勾选后，半透明物体也会产生环境吸收效果；"仅限本体投影"勾选后，分离物体互不影响渲染效果；"反向"勾选后，反转环境吸收效果，如图 2-3-43 所示。"缓存"中"启用缓存"勾选后，提升渲染效率；"采样"控制着色点的采样数量，提升渲染质量；"记录密度"类似缓存，选择预设效果，可以节省空间、提升效率；"平滑"平衡过低或过高的像素值的渲染效果;"屏幕比例"勾选后,渲染的像素点密度与渲染输出尺寸相关联;"清空缓存"删除保存的环境吸收缓存;"跳过预解算(如果已有)"勾选后,提升渲染速度;"自动加载"自动加载缓存文件;"自动保存"勾选后,自动保存缓存文件;"全动画模式"勾选后,缓存会对动画的每一帧进行新的计算并保存独立的文件;"缓存文件位置"将缓存文件保存到一个指定的路径,如图2-3-44所示。

图 2-3-43　基本

图 2-3-44　缓存

通过以上学习,读者可以了解材质制作的进阶知识及使用方法。为了巩固所学知识,通过以下几个步骤,使用材质制作相关知识渲染"焦散效果"。

(1)将"焦散文件"导入到C4D之中,如图2-4-1所示。在菜单栏中单击"创建—摄像机—摄像机",创建出一台摄像机,如图2-4-2所示。

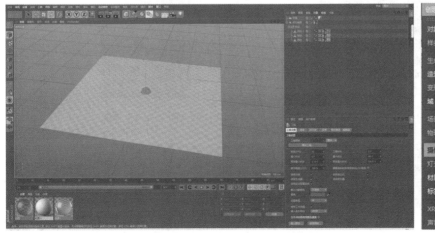

图 2-4-1　导入文件

图 2-4-2　摄像机

（2）在"视图窗口"菜单中单击"摄像机—设置活动对象为摄像机"命令，如图 2-4-3 所示。进入摄像机视角调整角度，对齐到物体，如图 2-4-4 所示。

图 2-4-3　设置活动对象为摄像机　　　　　　　图 2-4-4　摄像机

（3）再次单击视图窗口菜单中"摄像机—使用摄像机—默认摄像机"命令，恢复至"默认摄像机"视角，如图 2-4-5 所示。单击菜单栏中"创建—灯光—点光"命令，如图 2-4-6 所示。

图 2-4-5　默认摄像机　　　　　　　　　　图 2-4-6　点光

（4）在视图窗口菜单中单击"摄像机—设置活动对象为摄像机"命令，如图 2-4-7 所示。可以进入灯光视角进行灯光位置的摆放，观察"灯光"（主光灯）与"摄像机"位置，如图 2-4-8 所示。

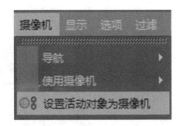

图 2-4-7　设置活动对象为摄像机

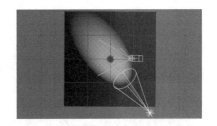

图 2-4-8　主光灯与摄像机位置

（5）单击"属性面板—投影—投影"选择"阴影贴图（软阴影）"，如图 2-4-9 所示。创建一个"灯光.1（辅光灯）"，对准水杯的阴影位置，如图 2-4-10 所示。

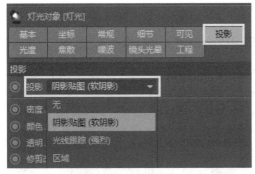

图 2-4-9　投影

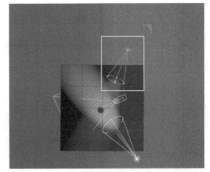

图 2-4-10　辅光灯灯光位置

（6）单击"属性面板—常规—强度"输入"75"，如图 2-4-11 所示。再创建一个"灯光.2（轮廓灯）"，"强度"输入"15"，对准水杯的后方位置，即与摄像机相对的角度，如图 2-4-12 所示。

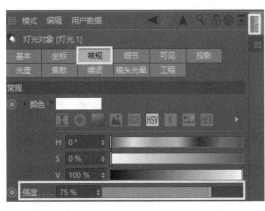

图 2-4-11　强度

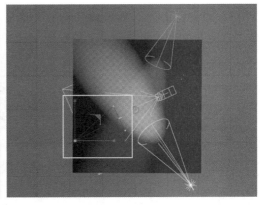

图 2-4-12　轮廓灯位置

（7）打开"渲染设置"，在"抗锯齿"中选择"最佳"，如图 2-4-13 所示。单击"效果"，在弹出菜单中选择"焦散"，如图 2-4-14 所示。

图 2-4-13　抗锯齿

图 2-4-14　焦散

（8）在"焦散"面板中勾选"表面焦散"，如图 2-4-15 所示。选择"灯光"（主光灯），在属性面板单击"焦散"，勾选"表面焦散"，如图 2-4-16 所示。

图 2-4-15　渲染设置

图 2-4-16　表面焦散

（9）点击"渲染"，观察最终效果，如图 2-4-17 所示。可以根据计算机的配置，适当提高"光子"数量（此效果光子数量是 500 000），焦散效果会更细腻生动，如图 2-4-18 所示。

图 2-4-17　渲染效果

图 2-4-18　提升光子数量效果

本项目通过材质效果的实现，使读者对材质制作综合知识有了初步了解，对材质、灯光、渲染的使用有所了解并掌握，并能够通过所学的相关知识实现材质的制作。

颜色	Color	凹凸	Bump
漫射	Diffusion	法线	Normal
发光	Luminance	辉光	Glow
透明	Transparency	置换	Displacement
反射	Reflectance	编辑	Editor
环境	Environment	光照	Illumination
烟雾	Fog	指定	Assignment

1. 选择题

（1）（　　　）属性主要作用是给物体表面着色。（单选）

　　A. 颜色通道　　B. 漫射通道　　C. 反射通道　　D. 透明通道

（2）（　　　）模拟半透明气体且只能应用在闭合的物体。（单选）

　　A. 透明通道　　B. 凹凸通道　　C. 烟雾通道　　D. 法线通道

（3）灯光的类型包含（　　　）。（多选）

　　A. 泛光灯　　B. 聚光灯　　C. 远光灯　　D. 区域光

（4）"投影"方式包含（　　　）。（多选）

　　A. "无"　B. "阴影贴图（软阴影）"　C. "光线跟踪（强烈）"D. "区域"

（5）灯光类型包含（　　　）。（多选）

　　A. "灯光"　　B. "点光"　　C. "日光"　　D. "无限光"

2. 填空题

（1）Alpha 通道通过（　　　）和（　　　）决定材质的可见程度。

（2）（　　　）贴图可使低模生成高模的效果，显示出更多的细节。

（3）（　　　）通道是调节纹理贴图的属性。

（4）（　　　）特点是能从一个点（位置）向四周各个方向均匀照射的光线。

（5）（　　　）特点是照射的光线是平行的，没有距离的限制且数量无限。

3. 简答题

（1）简述常用的三点灯光的设置方法。

（2）简述材质球的通道（至少 5 个）及其作用。

4. 操作练习

　　认真观察现实世界中的材质效果，使用学习过的材质知识对其进行模拟制作。要求展现出灯光的光影层次及材质的质感，利用贴图丰富细节内容，选择合适的渲染器进行渲染输出。

项目三 动画篇"破碎文字"的制作

通过学习关于动画的相关知识，了解三维动画的制作流程，熟悉 Cinema 4D 软件的动画特点与制作思路，掌握丰富动画效果。在任务实现过程中：

● 理解关键帧的概念
● 掌握时间线窗口
● 掌握运动图形的使用方法及属性
● 掌握变形工具的使用方法及属性

【情境导入】

三维动画是新兴产物，是科技传播的载体，承载着我们的物质文明与精神文明。动画制作是三维制作的关键环节之一，在三维制作中起到至关重要的作用。通过动画的制作，制作者能够增强发现问题和解决问题的能力，在实践中增长知识。项目开展过程中，三维动画制作者往往以小组形式通过搜集资料、方案制定、制作成品等环节，将零散的知识系统化。项目的深入开展，能够激发制作者学习的主动性，也能带来解决问题的成就感，磨炼意志。在实战操作中还可以培养制作者谦虚谨慎、助人为乐的精神。

【任务描述】

- 运用关键帧技术实施动画运动的效果
- 利用骨骼工具制作出丰富的动画效果
- 使用运动图形、变形器等工具实现特殊的动画效果

【效果展示】

文字破碎效果是一种典型动画效果，具有强烈视觉冲击力与观赏效果。无论在影视作品或是动画电影中，都是一种常见的动画效果。通过本项目案例的学习，读者将会对动画知识进行综合练习，提升动画知识与技能，最终实现企业级的动画效果。

技能点一　关键帧动画

在动画的制作过程中，帧是最小的计量画面的单位，也就是以前电影胶片上的一格镜头。关键帧简单地说就是表示关键状态的帧动画，指物体运动中关键动作的那一帧，就是给需要动画效果的物体设置与时间相关的数值，而其他时间位置的数值，可以利用这些关键帧的数值，采用特定的插值方法计算出来（也称过渡帧或者中间帧），从而得到流畅的动画效果。而多个帧按照一定的帧速率进行播放即是动画，也就是关键帧动画。

时间线窗口

在 Cinema 4D 软件中动画制作与其三维软件相同，都是通过"时间线窗口"进行，如图 3-1-1 所示。打开 Cinema 4D 软件后，单击"界面"，在弹出的菜单中选择"Animate"，

如图 3-1-2 所示。Cinema 4D 整体界面产生变化，在下方显示出"时间线窗口"便于动画制作；或是单击菜单"窗口—时间线（函数曲线）"，如图 3-1-3 所示；或按键盘快捷键Shift+Alt+F3 也可以显示出"时间线窗口"。

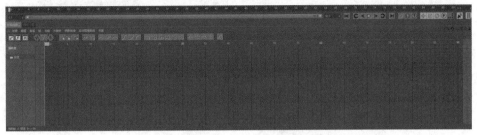

图 3-1-1 时间线窗口

图 3-1-2 界面

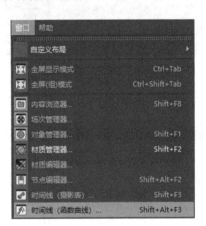

图 3-1-3 窗口

默认状态的"时间线窗口"位置只显示"时间线"和"工具快捷键"，如图 3-1-4 所示。

图 3-1-4 时间线与工具快捷键

是"时间指针"，可在时间线上任意地左右移动，同时在视图窗口将呈现相应的动画效果；是"时间线长度"，控制动画时间的长度，也可在两端输入框中输入数值，控制时间的长度。是"工具快捷键"，"转到开始"，单击后指针回退到动画起始帧位置；"转到上一关键帧"，单击后指针退回到上一个关键帧位置；"转到上一帧"，单击后指针退回到上一帧位置；"向前播放"，播放动画；"转到下一帧"，单击后指针前进到下一帧位置；"转到下一关键帧"，单击后指针前进到下一个关键帧位置；"转到结束"，单击后指针前进到动画结束帧位置；"记录活动对象"，单击后记录物体的位移、缩放、旋转的关键帧；"自动关键帧"，单击后自动记录关键帧；"关键帧选集"，单击后设置关键帧选集对象；"位置、缩放、旋转"，单击后打开或关闭位移、缩放、旋转的功能；"参数"，单击后打开或关闭记录参数级别动画；"点级别动画"，单击后打开或关闭点级别动画关键帧；

"方案设置"，长按后可选择播放速率。而"时间线窗口"，如图 3-1-5 所示，则是对动画效果的曲线进行调节，从而进一步改变、调整、丰富动画的效果与细节。

图 3-1-5 时间线窗口

在"时间线窗口"中常用的命令是窗口上方的"快捷工具"，如图 3-1-6 所示。

图 3-1-6 时间线窗口中快捷工具

单击 后，可将"时间线窗口"显示切换到"摄影表""函数曲线模式"（常见的关键帧显示模式）、"运动剪辑模式"，如图 3-1-7 所示。

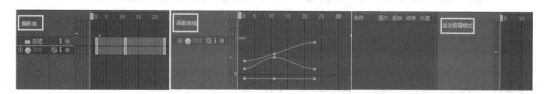

图 3-1-7 摄影表、函数曲线模式、运动剪辑模式

单击 后，对关键帧的不同显示模式，包含"框显所有"（显示全部关键帧）、"帧选取"（显示选择的关键帧）、"转到当前帧"（显示"时间指针"所在位置的帧），如图 3-1-8 所示。

图 3-1-8 框显所有、帧选取、转到当前帧

单击 后，创建或删除标记，包含"创建标记在当前帧"（在"时间指针"所在位置创建标记）、"创建标记在视图边界"（在可视范围内的起始与结束位置创建标记）、"删除全部标记"（将标记全部删除），如图 3-1-9 所示。

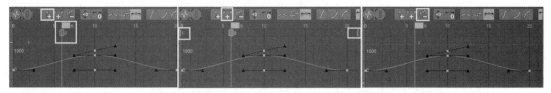

图 3-1-9　创建标记在当前帧、创建标记在视图边界、删除全部标记

　　单击█后，设置切线零角度，改变曲线形状影响动画，包含"零角度（相切）"（设置选取关键帧切线成零角度）、"零长度（相切）"（设置选取关键帧切线成零长度），如图 3-1-10 所示。

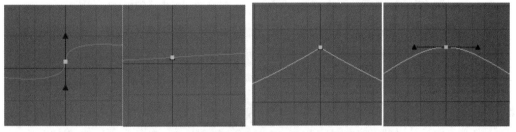

图 3-1-10　零角度（相切）、零长度（相切）

　　单击█后，设置切线插值，从而改变曲线形状影响动画。"线性"设置关键帧成线性插值，"步幅"设置选取关键帧成步幅插值，"样条"设置关键帧类型成样条插值，如图 3-1-11 所示。

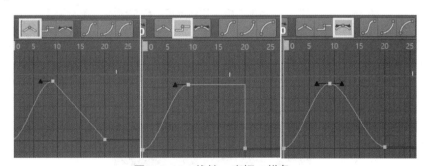

图 3-1-11　线性、步幅、样条

　　单击█后，设置插值的减弱，从而改变曲线形状影响动画。"缓和处理"设置关键帧成短暂减弱插值，"缓入"设置关键帧成减弱插值，"缓出"设置选取关键帧为渐出减弱插值，如图 3-1-12 所示。

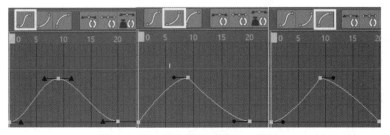

图 3-1-12　缓和处理、缓入、缓出

单击 [图标] 后，设置切线及权重，从而改变曲线形状影响动画。"自动相切－经典"设置选取关键帧成自动切线，"自动相切－固定斜率"固定斜率自动相切，"自动加权"限制切线运动范围，"移除超调"自动调整曲线，"加权相切"调整曲线细节，"断开切线"设置切线的左右控制，如图 3-1-13 所示。

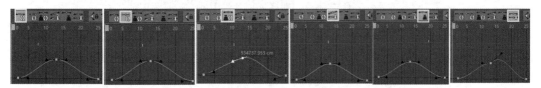

图 3-1-13　经典、固定斜率、自动加权、移除超调、加权相切、断开切线

单击 [图标] 后，限制切线的运动。"锁定切线角度"锁定关键帧切线的角度调节，"锁定切线长度"锁定关键帧切线的长度调节，"锁定时间"锁定关键帧在时间上的调节，"锁定数值"锁定关键帧在数值上的调节，如图 3-1-14 所示。

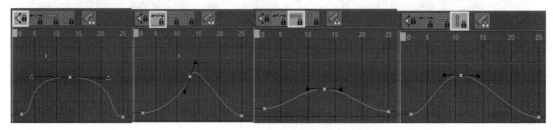

图 3-1-14　锁定切线角度、锁定切线长度、锁定时间、锁定数值

单击 [图标] "分解颜色"后，设置一个关键帧的分解颜色，如图 3-1-15 所示。

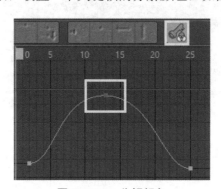

图 3-1-15　分解颜色

（1）例如，导入"滚动文件"对其创建一个小球滚动动画，如图 3-1-16 所示。在属性窗口"坐标"中观察属性面板，其中"P、S、R"代表"球体"的"移动、旋转、缩放"，"X、Y、Z"代表坐标轴的 3 个方向，如图 3-1-17 所示。

图 3-1-16 导入文件

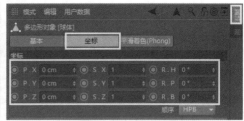

图 3-1-17 属性窗口

（2）小球滚动动画只需要对"移动（P）"记录关键帧即可。在"P"前面有一个"黑色圆圈"，对其单击便开始记录关键帧，同时"黑色圆圈"会变成"红色圆圈"（前方带有"黑色圆圈"的属性都可以进行关键帧的设置）。此时只需单击"P.X"属性"黑色圆圈"（确定"时间指针"在"0"帧位置），如图 3-1-18 所示。如果"X、Y、Z"轴向呈黄色显示，单击"黑色圆圈"，会将"X、Y、Z"轴向全部记录关键帧，如图 3-1-19 所示。

图 3-1-18 移动 X 属性

图 3-1-19 移动全部属性

（3）将"时间指针"拖动至"60"帧位置，如图 3-1-20 所示。在"属性窗口—坐标—P.X"输入"6000"（此时"黑色圆圈"变成"黄色圆圈"，表示数值有变动未记录关键帧，需要单击"黄色圆圈"成"红色圆圈"表示记录关键帧），如图 3-1-21 所示。

图 3-1-20 移动 X 属性

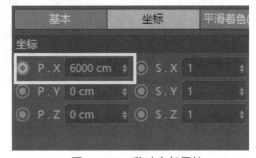

图 3-1-21 移动全部属性

（4）如果此时单击 ⬚ "记录对象活动"，"P、S、R"的全部属性都将记录关键帧（其实大多数属性是不参与动画的，否则，后期修改动画会很混乱），如图 3-1-22 所示。所以，在"属性窗口—P.X"属性上点击鼠标右键，在弹出的菜单上单击"动画—增加关键帧"命令，可以单独只在"P.X"属性记录关键帧，如图 3-1-23 所示。

图 3-1-22　全部属性

图 3-1-23　增加关键帧

（5）在视图窗口观察，小球的运动轨迹已经出现，表示已经产生关键帧动画。但是此时只是"小球"的移动变化，没有滚动的效果，如图 3-1-24 所示。将"时间指针"拖动至"0"帧位置，单击"R.B"属性的"黑色圆圈"成"红色圆圈"记录关键帧，如图 3-1-25所示。

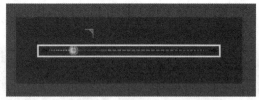

图 3-1-24　关键帧动画

图 3-1-25　记录关键帧

（6）将"时间指针"拖动至"60"帧位置，如图 3-1-26 所示。在"R.B"属性输入"1080"，点击鼠标右键，在弹出的菜单上单击"动画—增加关键帧"命令，如图 3-1-27所示。

图 3-1-26　时间指针

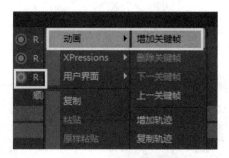

图 3-1-27　增加关键帧

（7）此时"小球"滚动的关键帧动画已经完成。播放后发现"小球"滚动时，起始与结束的速度未变换，效果不真实。通常情况是"小球"运动速度越来越慢符合实际情况，这时就需要在"时间线窗口"进行调节。单击"菜单—窗口—时间线（函数曲线）"，如图3-1-28 所示。在弹出的"时间线出口"单击"球体—位置.X"出现 X 轴的移动曲线，观察曲线形状呈"S"型，两端平缓中间部分坡度大，所以动画效果不真实，如图 3-1-29 所示。

图 3-1-28 时间线（函数曲线）

图 3-1-29 位置曲线

（8）将"起始"位置的曲线坡度增大，将"结束"位置曲线调节平缓，播放动画观察效果，如图 3-1-30 所示。相应地单击"球体—旋转.B"调整其曲线，尽量与"位置.X"曲线一致，如图 3-1-31 所示。

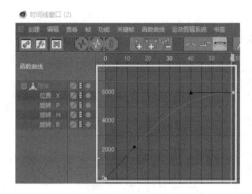

图 3-1-30 位置曲线

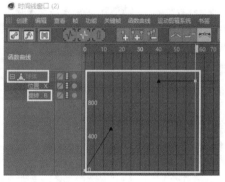

图 3-1-31 旋转曲线

（9）再次播放动画，小球的滚动有明显的变化（可以尝试变化曲线形状，观察小球滚动的效果），如图 3-1-32 所示。

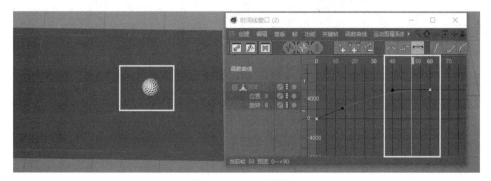

图 3-1-32 动画效果

技能点二　骨　骼

Cinema 4D 中的骨骼与其他三维软件的骨骼在使用、效果上十分相像，都是起到控制模型运动的作用。需要注意的是，每根"骨骼"是由两个"关节"组成的，而"关节"与"关节"之间的关系就是"父级别物体"和"子级别物体"之间的控制关系。

1. 关节

创建关节的方法有两种，都是单击"菜单""角色"，在弹出的菜单中可以选择"关节工具"或"关节"命令，如图 3-2-1 所示。如果选择"关节工具"，在视图窗口（在"平面视图"进行创建，如"正视图""顶视图""侧视图"）需要按住键盘上的"Ctrl"键，单击鼠标左键进行创建（黄色的圆圈即"关节"，"关节"与"关节"间白色的三角即"骨骼"，"骨骼"与"骨骼"的连接是骨架），如图 3-2-2 所示。在对象窗口可以观察到"关节"之间的父子关系，如图 3-2-3 所示。

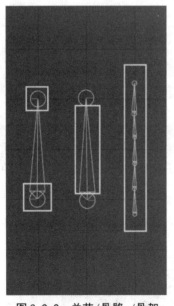

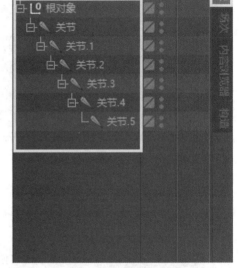

图 3-2-1　创建关节　　　图 3-2-2　关节/骨骼/骨架　　　图 3-2-3　父子关系

如果选择"关节"命令，当每单击一下"关节"命令，将在视图窗口创建一个独立的"关节"（需要移动每个关节的位置创建出骨架），如图 3-2-4 所示。在对象窗口显示"关节"之间的关系是独立的，如图 3-2-5 所示。根据需要可以手动建立"父子关系"，如图 3-2-6 所示；或是按住键盘上的"Shift"键，单击"关节"命令，将直接创建出"关节"的"父子关系"，如图 3-2-7 所示。

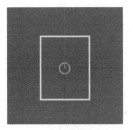　　　

图 3-2-4　关节　　　图 3-2-5　独立关系　　　图 3-2-6　手动　　　图 3-2-7　Shift 键

2. 关节对齐工具

骨骼的轴向将对接下来的设置有很大的影响，所以需要特别注意骨骼的轴向。通常关节的"Z 轴"指向下一关节，但当关节旋转或是进行其他设置后，关节的自身坐标轴向将改变，所以要将其轴向对齐，以方便后续的操作。

例如，创建一段骨架，观察关节的轴向，如图 3-2-8 所示。旋转关节，观察关节的轴向，如图 3-2-9 所示。

　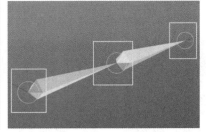

图 3-2-8　创建骨架　　　　　　　　图 3-2-9　旋转骨骼

选择需要对齐的关节，单击"菜单—角色—关节对齐工具"，如图 3-2-10 所示。在"属性"窗口单击"对齐"按钮（其他选项使用默认选择即可），如图 3-2-11 所示。观察关节的轴向，如图 3-2-12 所示。

　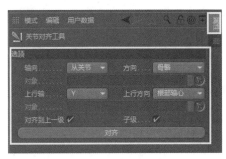　

图 3-2-10　创建骨架　　　图 3-2-11　旋转骨骼　　　图 3-2-12　观察轴向

3. 镜像工具

设置骨骼对称的方式，镜像可以快速地对骨骼进行复制，且能避免出现位置、角度等错误。例如，创建一段骨架，选择需要镜像的骨骼的"根关节"，如图 3-2-13 所示。单击"菜单—角色—镜像工具"，如图 3-2-14 所示。

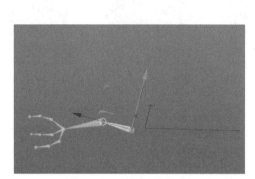

图 3-2-13　选择根关节　　　　　　　图 3-2-14　镜像工具

在"属性"窗口的"轴"中选择镜像轴，包含"X（YZ）、Y（XZ）、Z（XY）" ▉；"镜像"中选择镜像方向，包含"+/-、+To-、-To+" ▉；单击"镜像"按钮（其他选项使用默认选择即可），如图 3-2-15 所示。观察镜像的骨架，如图 3-2-16 所示。

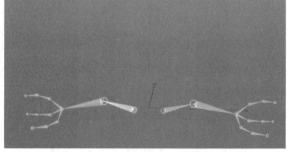

图 3-2-15　镜像工具　　　　　　　　　图 3-2-16　镜像骨架

技能点三　运动图形

"运动图形"的功能十分强大，同时也是 Cinema 4D 的显著特征之一。特别地，利用 Cinema 4D 制作矩阵类效果（对物体进行排列组合）变得极为简单方便，是其他三维软件无法比拟的。选择"菜单"中的"运动图形"，各种"运动图形"的模式就显示在对话框的下方位置，如图 3-3-1 所示。"运动图形"中除了各种常用的运动图形模式外，"效果器"也是十分常用的，它的作用就是给"运动图形"增添更多可调节的属性。选择"菜单"中的"运动图形—效果器"，出现的对话框就是常用的各种效果器，如图 3-3-2 所示。

图 3-3-1 运动图形

图 3-3-2 效果器

1. **运动图形的属性**

在"属性"对话框中,运动图形各个模式的面板很相似,都是包含"基本""坐标""对象""变换""效果器"。尤其是"基本""坐标""变换"三个面板中的属性基本相同。单击"基本"面板,其中"名称"设置运动图形的新名;"图层"设置运动图形属于哪一层;"编辑器可见":"默认"在视图编辑窗口可见,"关闭"在视图编辑器内不可见,"开启"与"默认"一致;"渲染器可见":"默认"运动图形在渲染时可见,"关闭"运动图形在渲染时不可见,"开启"与"默认"一致;"使用颜色":"默认"关闭使用颜色,"开启"颜色被激活,"自动"激活"显示颜色",可任意选择颜色;"启用"勾选后,开启运动图形功能;"透显"勾选后,运动图形将以半透明方式显示,如图 3-3-3 所示。单击"坐标"面板,其中"P.X/P.Y/P.Z"设置物体的位置;"S.X/S.Y/S.Z"设置物体的缩放;"R.X/R.Y/R.Z"设置物体的旋转;"四元"勾选后,激活四元旋转模式;"冻结变换"将"移动""旋转""缩放"数值归零,如图 3-3-4 所示。

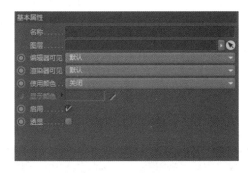

图 3-3-3 基本属性

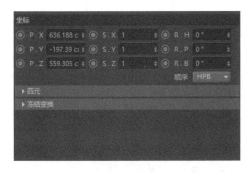

图 3-3-4 坐标

单击"变换"面板,"显示"设置运动图形的显示状态;"位置/缩放/旋转"设置运动图形沿自身轴向的位移、缩放、旋转;"颜色"设置运动图形的颜色;"权重"设置每个运动图形的初始权重;"时间"设置动画的起始帧;"动画模式"设置动画的播放方式,包含"播放""循环""固定""固定播放",如图 3-3-5 所示。

图 3-3-5　变换

（1）克隆

克隆是将一个物体复制成多个物体，使用不同的模式对其排列组合出不同效果，如图 3-3-6 所示。单击"对象"面板，"模式"即克隆的形式，包含"对象""线性"（本书将对"线性"模式进行讲解）"放射""网格""蜂窝"，如图 3-3-7 所示。"克隆"即克隆的方式，包含"迭代"（本书将对"迭代"模式进行讲解）"随机""混合""类别"；"固定克隆"用在多个不同物体的克隆情况下，勾选后，克隆物体位置不变；"固定纹理"勾选后，纹理不会跟随物体移动；"实例模式"中，"实例"多用于一个克隆物体，"渲染实力"提升渲染速度，"多重实例"会出现克隆结果显示不全情况（较少使用）；"数量"设置克隆物体数量；"偏移"设置克隆物体的位置偏移；"模式"中包含"每步""终点"，"每步"计算相邻两个克隆物体间的属性变化，"终点"计算从克隆的初始位置到结束位置的属性变化；"总计"设置克隆物体占原有"位置""缩放""旋转"的比重。"位置"设置克隆物体的位置范围；"缩放"设置克隆物体的缩放比例；"旋转"设置克隆物体的旋转角度；"步幅模式"包含"单一值""累积"，"单一值"是每个克隆物体间的属性变化量一致，"累积"是每相邻两个物体间的属性变化量进行累计；"步幅尺寸"缩放克隆物体间的间距；"步幅旋转.H（P/B）"设置克隆物体的整体旋转。

图 3-3-6　克隆属性

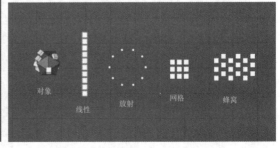

图 3-3-7　克隆模式

1）创建一个"立方体"与"运动图形"中的"克隆"，在对象窗口观察，如图 3-3-8 所示。将"克隆"设置为"父级别"，"立方体"设置为"子级别"，如图 3-3-9 所示。

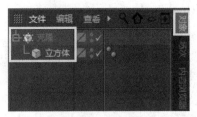

图 3-3-8　克隆属性　　　　　　　　　图 3-3-9　克隆模式

2）单击"克隆对象—对象"，"数量"输入"5"、"位置.Y"输入"333"、"缩放.X/Y/Z"输入"80、80、80"、"旋转.H/P/B"输入"60、60、60"，如图 3-3-10 所示；在视图窗口观察"立方体"的克隆效果，如图 3-3-11 所示。

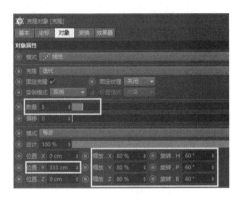
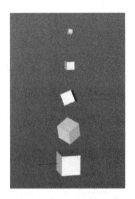

图 3-3-10　调节属性　　　　　　　　　图 3-3-11　克隆效果

3）也可以制作克隆动画。如将"时间指针"拖至"0"帧位置，点击"步幅旋转.H"的"黑色圆圈"记录关键帧，如图 3-3-12 所示；再将"时间指针"拖至"30"帧位置，在"步幅旋转.H"输入"180"，如图 3-3-13 所示；观察最终的克隆动画效果，如图 3-3-14 所示。

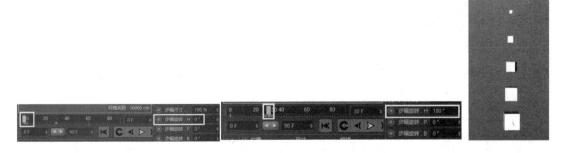

图 3-3-12　起始关键帧　　　　　图 3-3-13　结束关键帧　　　图 3-3-14　克隆动画

（2）矩阵

矩阵相当于克隆，其效果和克隆效果非常相似，但二者也有不同之处，矩阵不需要子级别物体来实现效果，且也不能被渲染。矩阵的属性与克隆也非常相似，矩阵的属性可以参考克隆的属性使用，如图 3-3-15 所示。其中"生成"设置矩阵的元素类型，包含"仅矩阵"与"Thinking Particles"（思维粒子），如图 3-3-16 所示。

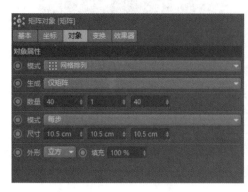 

图 3-3-15　矩阵属性　　　　　　　　　图 3-3-16　生成

（3）分裂

分裂是将原有的物体分成不相连的若干部分，再配合效果器生成运动图形效果。分裂是最简单的一个运动图形，属性选项很少，只包含 3 种模式："直接"将分裂的子集当作一个运动图形，如果将多个物体建组，则这个组被当成一个运动图形；"分裂片段"是当物体有独立的面或集合的情况下才会起作用，将独立的面或者面集合当成一个运动图形；"分裂片段&连接"是如果相邻的面可以连接成一个物体，则会把这个模型当成一个运动图形，如图 3-3-17 所示。将"分裂效果"导入，在"模式"分别选择"直接""分裂片段""分裂片段&连接"观察效果，如图 3-3-18 所示。

图 3-3-17　分裂属性　　　　　　　　　图 3-3-18　模式

（4）破碎（Voronoi）

破碎可以将模型分解成由多个碎块组成的运动图形，再使用效果器或动力学制作出如击碎、爆炸等创意动画效果。单击"对象"面板，"MoGraph 选集"定义受效果器影响的运动图形碎片选集；"MoGraph 权重贴图"通过权重画笔定义受效果器影响的碎片；"着色碎片"勾选后，破碎物体呈现颜色；"创建 N-Gon 面"勾选后，创建四边形；"偏移碎片"设置空隙大小；"反转"勾选后，反转碎片方向；"仅外壳"使破碎的图形只分布在模型表面且没有厚度;"厚度"设置外壳,增加厚度;"空心对象"勾选后,内部空心的物体在使用破碎之后正确显示;"优化并关闭孔洞"勾选后,物体有未连接的位置可以正常显示;"缩放单元"控制碎片的结构;"保存结果到文件"(如果需要重新加载)勾选后,可以减少第二次运算时间(但文件变大);"自动更新设置"勾选后,调整参数会及时更新;"自动更新动画"(破碎物体有复杂动画)勾选后,更新破碎动画(计算量会增大,建议取消勾选),如图 3-3-19 所示。

单击"来源"面板,"显示所有使用的面"勾选后,所有的破碎点在视图窗口显示绿色;"视图数量"调整在视图窗口显示的碎片数量;"来源"单击"点生成器—分布"可以对"破碎"的形式、数量、位置、缩放进行调节;"添加分布来源"创建点生成器;"添加著色器来源"可根据灰度分布点;"名称"可重新命名;"分布形式"即碎片的分布形式,包含"统一""法线""反转""法线指数";"点数量"可设置更多的碎片数量;"种子"调节碎片结构;"内部"勾选后,点仅在物体内部;"高品质"勾选后,提高效果质量;"每对象创建点"勾选后,点呈红色显示;"变化"调整边界框的位置,如图 3-3-20 所示。单击"细节"面板,"启用细节"勾选后,显示凹凸细节;"在视窗中激活"勾选后,在视窗中显示凹凸细节;"最大边长"设置细分数值 ;"噪波表面"勾选后,外部边缘变形;"人工干预强度"调节边缘变形导致的错误;"平滑法线"勾选后,保证表面的精确平滑;"使用原始边"勾选后,折线不会平滑;"Phong 角度"不勾选"使用原始边",可使用"Phong 角度"调节平滑度;"松弛内部边"调节内部折线平滑度;"保持原始面"勾选后,物体保持原始外形;"噪波类型"可选噪波的种类;"噪波强度"调节噪波的强度;可设置"随机种子"噪波随机变化值;"倍频"设置噪波的细分程度;"全局比例"调节全局噪波的缩放;"相对比例"调节指定轴向噪波的缩放;"动画种子"可设置动画随机变化值;"低限/高限"数值以下或以上的值不起作用;"深度强度"控制物体外部到内部的变形程度,如图 3-3-21 所示。

图 3-3-19 对象

图 3-3-20 来源

图 3-3-21 细节

1)在视图中创建"立方体"与"平面",将"平面"放置在"立方体"之下,调节大小与位置,如图 3-3-22 所示。单击"菜单—运动图形—破碎(Voronoi)",如图 3-3-23 所示。将"立方体"放置在"破碎(Voronoi)"之下,成"破碎(Voronoi)"的"子物体",

如图 3-3-24 所示。

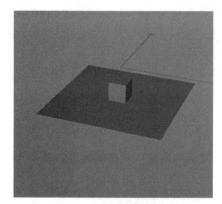

图 3-3-22　创建模型　　　　　图 3-3-23　破碎　　　　　图 3-3-24　子物体

2）在对象窗口中，鼠标右键单击"破碎（Voronoi）"，在弹出的菜单中选择"模拟标签—刚体"，如图 3-3-25 所示。再使用鼠标右键单击"平面"，在弹出的菜单中选择"模拟标签—碰撞体"，如图 3-3-26 所示。

图 3-3-25　刚体　　　　　　　　　　图 3-3-26　碰撞体

3）在对象窗口中选择"破碎（Voronoi）"，在"属性"窗口单击"来源"，单击"点生成器—分布"，在"点数量"输入"100"，如图 3-3-27 所示。单击"细节"，勾选"启用细节"，如图 3-3-28 所示。

图 3-3-27　来源　　　　　　　　　图 3-3-28　细节

4)在"对象"窗口中选择"平面""力学体表达式[力学体]",在属性窗口中选择"碰撞"标签,在"摩擦力"输入"100",如图3-3-29所示。在视图窗口中播放动画,观察动画效果,如图3-3-30所示。

图 3-3-29 摩擦力

图 3-3-30 动画效果

（5）实例

实例可以展现物体的运动轨迹。单击"对象"面板,将物体拖拽至"对象参考"中将会对其进行实例模拟;"历史深度"设置模拟的范围,如图3-3-31所示。

1)在视图中创建"宝石",单击"菜单—运动图形—实例",如图3-3-32所示;此时可以在"视图窗口"将"实例物体"拖动出来,如图3-3-33所示。

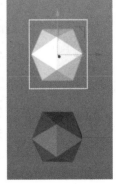

图 3-3-31 对象

图 3-3-32 实例

图 3-3-33 实例物体

2)对"实例物体"创建一个跳跃动画（共60帧）,如图3-3-34所示。播放动画,观察效果（可以改变"历史深度"的数值）,如图3-3-35所示。

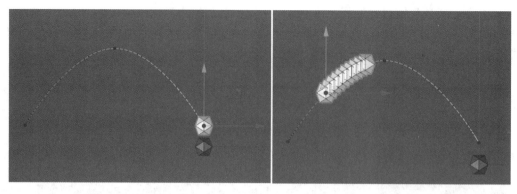

图 3-3-34　跳跃动画　　　　　　　　　图 3-3-35　实例效果

（6）文本

文本可以快速实现立体文字效果，单击"对象"面板，"深度"设置文字的厚度；"细分数"设置文字厚度的分段数量；"文本"：在文框内输入相应文字即可生成立体文字；"字体"设置文字的字体；"对齐"设置字体的对齐方式，包含"左""中对齐""右"；"高度"设置字体在场景中的大小；"水平间隔"设置文字的水平间距；"垂直间隔"设置文字的行间距；"字据"调节字体的"字距""缩放""基线"等属性。勾选"显示 3D 界面"，在字体上出现标尺，可以直接调节标尺改变字体；"点插值方式"影响创建时的细分数，可以对细分方式进行调节，包含"无""自然""统一""自动适应""细分"；"数量"当"点插值方式"是"自然""统一"时，调节字体线段数量；"角度"当"点插值方式"是"自动适应""细分"时，调节字体倾斜角度；"最大长度"当"点插值方式"是"细分"时，调节字体线段的分布；"着色器指数"当文本被赋予了一个材质（需要使用颜色着色器），包含"单词字母索引"（以每个单词进行颜色变化）、"排列字母索引"（文本从左至右进行黑白渐变）、"全部字母索引"（文本由上至下进行黑白渐变），如图 3-3-36 所示。单击"封顶"面板，"顶端"设置文本顶端的封顶方式，包含"无"（顶端无封顶）、"封顶"（顶端有平面封顶）、"圆角"（顶端形成圆角但未封闭）、"圆角封顶"（顶端既有圆角也未封闭）；"步幅"设置圆角的分段数；"半径"设置圆角的大小；"末端"设置文本末端的封顶方式，包含"无"（末端无封顶）、"封顶"（末端有平面封顶）、"圆角"（末端形成圆角但未封闭）、"圆角封顶"（末端既有圆角也未封闭）；"圆角类型"设置圆角的形状，包含"线性""凹陷""半圆""1 步幅""2 步幅""雕刻"；"平滑着色（Phong）角度"可以修改法线夹角过于锐利的效果；"外壳向内"勾选后，外侧轮廓的圆角向外；"穿孔向内"勾选后，内侧轮廓的圆角向内；"约束"勾选后，封顶时不会影响字体的大小；"创建单一对象"勾选后，模型一体化；"四角 UVW 保持外形"勾选后，UVW 形状不变化；"类型"设置文本表面的多边形分割方式，包含"三角形""四边形""N-gons"；"标准网格"当"类型"选择"三角形""四边形"，勾选后，设置三角形面或四边形面的分布方式；"宽度"勾选在"标准网格"后方可使用，设置表面三角形面与四边形面的分布数量，如图 3-3-37 所示。

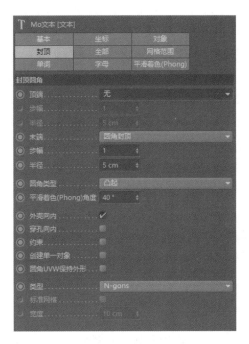

图 3-3-36　跳跃动画　　　　　　　　　　图 3-3-37　实例效果

1）单击"菜单—运动图形—文本"命令，如图 3-3-38 所示。在"属性—文本"中输入"CINEMA 4D"，如图 3-3-39 所示。在视图窗口中观察文本效果，如图 3-3-40 所示。

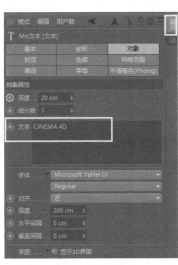

图 3-3-38　文本　　　　图 3-3-39　输入文字　　　　图 3-3-40　文字效果

2）在属性"封顶"中，"顶端"选择"圆角封顶"、"步幅"输入"10"、"半径"输入"10"、"圆角类型"选择"半圆"，如图 3-3-41 所示；在视图窗口中观察最终效果，如图 3-3-42 所示。

图 3-3-41　跳跃动画

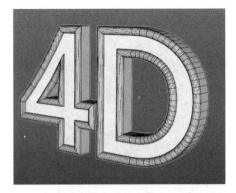

图 3-3-42　实例效果

（7）追踪对象

追踪对象可以追踪运动物体上的点位置的变化并生成曲线。单击"对象"面板，"追踪链接"：将带有动画的物体拖至追踪链接的空白区域，播放动画即可得到运动物体的曲线。"追踪模式"设置当前追踪路径生成的方式，包含"追踪路径"（追踪运动物体顶点位置的变化，在追踪的过程中生成曲线）、"连接所有对象"（追踪物体的每个顶点，并在顶点间产生路径连线）、"连接元素"（在每个运动物体的顶点之间进行连接）。"采样步幅"：当"追踪模式"选择"追踪路径"时，设置"采样步幅"数值增大，采样次数就变少，曲线的精度降低，曲线不光滑；"追踪激活"勾选后，激活追踪路径；"追踪顶点"勾选后，追踪运动物体的顶点；"使用 TP 子群"勾选后，激活思维粒子（Thinking Particles）。"手柄克隆"只对克隆物体起作用，包含"仅节点"（追踪对象是对所有的克隆物体进行追踪，只产生一条追踪路径）、"直接克隆"（追踪对象是对每一个克隆物进行追踪，每一个克隆物体都会产生一条追踪路径）、"克隆从克隆"（追踪对象对每个克隆物体的每个顶点进行追踪，克隆物体的每个顶点都会产生一条追踪路径）；"包括克隆"勾选后，跟踪克隆本身的运动轨迹。"空间"调节跟踪曲线与被跟踪对象之间的位置，"全局"追踪曲线与被追踪对象之间完全重合，"局部"，跟踪曲线会和被跟踪对象之间产生间隔；"限制"设置跟踪曲线的起始和结束时间，包含"无"（跟踪曲线始终存在）、"从开始"（激活总计，按照总计设定时间结束）、"从结束"（激活总计，追踪对象的时间是动画的当前帧减去总计的数值）；"类型"设置生成曲线的类型；"闭合样条"勾选后，生成的曲线是闭合曲线；"点插值方式"影响创建时的细分数，可以对细分方式进行调节，包含"无""自然""统一""自动适应""细分"；"数量"：当"点插值方式"是"自然""统一"时，调节曲线分段数量；"角度"：当"点插值方式"是"自动适应""细分"时，调节曲线弧度；"最大长度"：当"点插值方式"是"细分"时，调节曲线分段的分布；"反转序列"勾选后，反转生成曲线的方向，如图 3-3-43 所示。

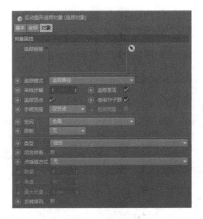

图 3-3-43 追踪对象

1）导入"追踪对象文件"播放动画，观察效果，如图 3-3-44 所示。单击"菜单—运动图形—追踪对象"命令，如图 3-3-45 所示。

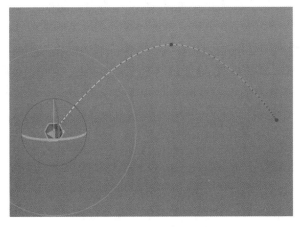

图 3-3-44 追踪对象文件   图 3-3-45 追踪对象

2）此时播放动画，观察"追踪对象"效果，如图 3-3-46 所示。单击"菜单—创建—样条—圆环"命令，如图 3-3-47 所示。

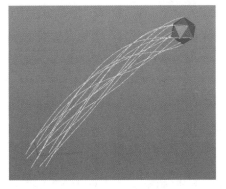

图 3-3-46 追踪对象文件   图 3-3-47 追踪对象

3）单击"菜单—创建—生成器—扫描"命令，如图 3-3-48 所示。在对象窗口中，先将"追踪对象"拖至"扫描"中，再将"圆环"拖至"扫描"中，如图 3-3-49 所示。在透视视图中观察最终效果，如图 3-3-50 所示。

  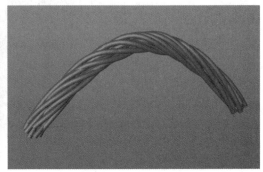

图 3-3-48　扫描　　　　　图 3-3-49　对象窗口　　　　　图 3-3-50　最终效果

（8）运动样条

运动样条可以创建出一些特殊形状的样条曲线动画。单击"对象"面板，"模式"运动样条的样式，包含"简单""样条""Turtle"3 个模式（选择不同的样式参数也不同）；"生长模式"包含"完整样条"和"独立的分段"2 个模式，选择"完整样条"生成的样条曲线逐个产生变化，选择"独立的分段"生成的样条曲线同时产生变化；"开始"设置样条曲线起始位置的生长值；"终点"设置样条曲线结束位置的生长值；"偏移"设置样条曲线的位置变化；"延长起始"勾选后，偏移值小于 0% 的样条曲线在起点处继续延伸；"排除起始"勾选后，偏移值大于 0% 的样条曲线会在结束处继续延伸；"目标样条"将曲线对齐于样条曲线的形态；"目标 X 导轨"将曲线对齐于样条曲线 X 轴；"目标 Y 导轨"将曲线对齐于样条曲线 Y 轴；"显示模式"为样条曲线的显示状态，包含"线""双重线""完全模式"3 种显示模式，如图 3-3-51 所示。单击"简单"面板（"模式"选择"简单"，才会出现"简单"属性），"长度"设置样条曲线的长度；"步幅"调节样条曲线的分段数；"分段"设置样条曲线的数量；"角度.H/P/B"设置样条曲线在"H/P/B"方向上的旋转角度；"曲线/弯曲/扭曲"设置样条曲线在"H/P/B"方向上的扭曲程度；"宽度"设置样条曲线的粗细，如图 3-3-52 所示。

图 3-3-51　对象属性　　　　　图 3-3-52　简单属性

当"模式"选择"样条",才会出现"样条"属性。"生成器模式"生成模型的计算方式,包含"顶点""数量""均匀""步幅"4个模式;"数量"设置样条曲线的分段数量;"源样条"放置自定义样条曲线(即路径);"源导轨"也可将自定义样条曲线放置其中,通过移动距离生成模型;"宽度"设置样条曲线的粗细,如图3-3-53所示。当"模式"选择"Turtle",才会出现"Turtle"属性。"Turtle"属性中需要通过编程语言(本书不做讲解),如图3-3-54所示。"数值"属性多是对模型的位置、旋转、缩放及生成进行调节,如图3-3-55所示。

图3-3-53 样条

图3-3-54 Turtle

图3-3-55 数值

1)导入运动样条文件,在对象窗口单击"运动样条",在属性窗口单击"简单"标签,如图3-3-56所示。"分段"输入"35"、"角度H"输入"360"、"曲线"输入"120"、"弯曲"输入"-200"、"扭曲"输入"360",如图3-3-57所示。

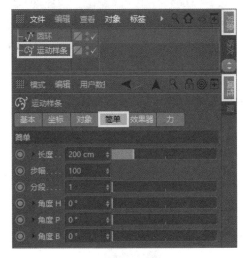

图3-3-56 简单属性

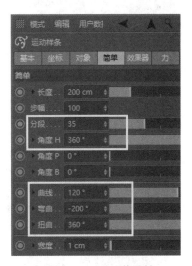

图3-3-57 调节属性

2)单击"菜单—创建—生成器—扫描"命令,如图3-3-58所示。在对象窗口中,先将"运动样条"拖至"扫描"中,再将"圆环"拖至"扫描"中,如图3-3-59所示。在透视视图中观察最终效果,如图3-3-60所示。

图 3-3-58　扫描　　　　　　图 3-3-59　对象窗口　　　　　图 3-3-60　最终效果

（9）运动挤压

对物体进行挤压变形，在操作的过程中做子级别使用，或者与被变形物体在同一层级内使用。单击"对象"面板，"变形"设置物体运动挤压的方式，"从根部"指物体整体的变化一致，"每步"指物体产生递进式的变化；"挤出步幅"设置物体挤出的距离和分段；"多边形选集"设置物体受挤压的表面；"扫描样条"（"变形"选择"从根部"时）可创建曲线作为物体挤出的路径，调节曲线的形状可以影响物体挤出的形状，如图 3-3-61 所示。单击"变换"面板，"位置.X/Y/Z、缩放.X/Y/Z、旋转.H/P/B"设置变形效果位置、缩放、旋转的变化，如图 3-3-62 所示。

图 3-3-61　对象窗口　　　　　　　　　　图 3-3-62　变换窗口

1）在视图窗口创建"宝石"模型，如图 3-3-63 所示。单击"菜单—运动图形—运动挤压"，如图 3-3-64 所示。

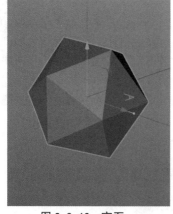

图 3-3-63　宝石　　　　　　　　图 3-3-64　运动挤压

2）在"对象"窗口中将"运动挤压"拖至"宝石"中，是"宝石"的子物体，如图3-3-65所示。观察"宝石"的变化，如图3-3-66所示。

图 3-3-65 宝石

图 3-3-66 运动挤压

3）在"挤出步幅"输入"80"，如图3-3-67所示；"位置.Z"输入"10"、"旋转 P"输入"2"、"旋转 B"输入"3"，如图3-3-68所示；观察最终的效果，如图3-3-69所示。

图 3-3-67 挤出步幅　　　　　图 3-3-68 变换　　　　　图 3-3-69 最终效果

（10）多边形 FX

多边形 FX 即多边形的特效。在操作的过程中做子级别使用，或者与被变形物体在同一层级内使用。"模式"包含"整体面（Poly）分段"（对物体操作时物体成整体变化）、"部分面（Polys）样条"（对物体不同的部分操作产生不同的影响）；"保持平滑着色（Phong）"勾选后，物体保持圆滑状态，如图3-3-70所示。"位置.X/Y/Z、缩放.X/Y/Z、旋转.H/P/B"设置物体特效效果位置、缩放、旋转的变化，如图3-3-71所示。

图 3-3-70 对象

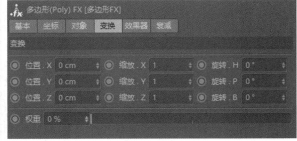

图 3-3-71 变换

1）在"视图窗口"创建"球体"模型，如图3-3-72所示。单击"菜单—运动图形—多边形 FX"，如图3-3-73所示。

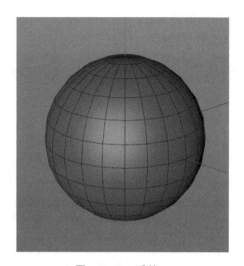

图 3-3-72　球体　　　　　　　　　　　图 3-3-73　多边形 FX

2）在对象窗口中将"多边形 FX"拖至"球体"中，是"球体"的子物体，如图 3-3-74 所示；在属性窗口，"缩放 X/Y"输入"0.5、0.5"、"旋转.H/P"输入"120、120"，如图 3-3-75 所示；观察最终效果，如图 3-3-76 所示。

图 3-3-74　对象窗口　　　　　　图 3-3-75　调节属性　　　　　　图 3-3-76　最终效果

2. 效果器属性

效果器需要配合运动图形，对物体更多的动画效果进行调节。效果器的使用非常灵活，既可单独使用，也可多个配合使用，实现各种奇妙效果。效果器的使用也非常简单，只需要将"效果器"拖至"运动图形"的"效果器标签"内即可。

在"属性"对话框中，效果器各个模式的面板很相似，都包含"基本""坐标""效果器""参数""变形器""衰减"，尤其是"基本""坐标""参数""变形器""衰减"在多个面板中的属性基本相同。单击"基本"面板，其中"名称"设置效果器新名字；"图层"设置效果器属于哪一层；"编辑器可见"包含"默认"（在视图编辑窗口可见）、"关闭"（在视图编辑器内不可见），"开启"与"默认"一致；"渲染器可见"包含"默认"（效果器在渲染时可见）、"关闭"（效果器在渲染时不可见），"开启"与"默认"一致（效果器是虚拟存在的，即使设置开启也是不能被渲染的）；"使用颜色"包含"默认"（关闭使用颜色），"开启"（颜色被激活），"自动"（激活"显示颜色"可任意选择颜色）、"图层"（按照图层颜色显示）；"启用"勾选后，开启效果器功能，如图 3-3-77 所示。单击"坐标"面板，其中"P.X/Y/Z"设置效果器的位置；"S.X/Y/Z"设置效果器的缩放；"R.H/P/B"设置效果器的旋转；"四元"

勾选后,激活四元旋转模式;"冻结变换"将"移动""旋转""缩放"数值归零,如图 3-3-78 所示。

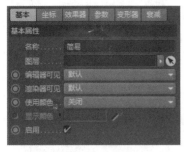

图 3-3-77 基本

图 3-3-78 坐标

单击"参数"面板,"变换"可将效果作用于物体的"位置、缩放、旋转"属性;"变换模式"影响"位置、缩放、旋转"属性作用到物体的方式,包含"相对""绝对""重映射";"变换空间"影响物体运动的参考坐标,包含"节点"(参考原始物体的坐标进行变换)、"效果器"(参考效果器的坐标进行变换)、"对象"(参考克隆物体的坐标进行变换);"位置、缩放、旋转"勾选后,可对位置、缩放、旋转进行调节;"颜色"显示颜色模式,包含"关闭"(不影响物体的颜色)、"效果器颜色"(颜色跟随效果器的色彩)、"自定义"(通过选择色彩参数确定颜色)、"域颜色"(颜色跟随域的色彩);"使用 Alpha/强度"勾选后,激活 Alpha 通道;"混合模式"选择颜色与物体的混合方式;"权重变换"控制物体受到效果器影响的强度(需要将"克隆""属性""显示"属性设置为"权重");"U 向变换"控制效果器在克隆物体 U 向的影响;"V 向变换"控制效果器在克隆物体 V 向的影响;"修改克隆"调整克隆物体的分布;"时间偏移"调节物体动画的起始和结束位置;"可见"勾选后,"最大"属性大于等于 50%克隆物体才可见,如图 3-3-79 所示。单击"变形器"面板,"变形"控制效果器对物体的作用方式,包含"关闭""对象""点""多边形"方式。"关闭"效果器不起作用,"对象"效果器作用于独立的物体(以自身坐标进行变化),"点"效果器作用于物体的每个顶点,"多边形"效果器作用于物体的每个平面,如图 3-3-80 所示。单击"衰减"面板,显示出"域"(相当于给衰减增添了一个产生更多细化变化的范围)。"域对象"选择"域"的模式,"域层"设置"域"的影响范围,"修改域"影响所在层以下各层的运动,如图 3-3-81 所示。

图 3-3-79 参数

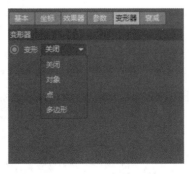

图 3-3-80 变形器

图 3-3-81 衰减

（1）群组

群组效果器相当于一个"组"的概念，可以将多个效果器组合起来。"强度"调节"群组"内效果器的共同强度；"选集"对物体局部进行控制；"重复时间"勾选后，激活"开始"（设置开始的时间）、"结束"（设置结束的时间）；"效果器"设置是否使用其他"效果器"，如图 3-3-82 所示。单击"菜单—运动图形—效果器—群组"命令，如图 3-3-83 所示。再选择其他若干个"效果器"，在对象窗口观察，如图 3-3-84 所示。在属性窗口观察各个"效果器"的显示情况，如图 3-3-85 所示。

图 3-3-82　群组效果器

图 3-3-83　选择群组

图 3-3-84　其他效果器

图 3-3-85　效果器显示

（2）简易

简易是基础"效果器"，也是最常用"效果器"之一，可以设置"运动图形"整体的位移、缩放、旋转变化。单击"效果器"面板，"强度"设置"简易效果器"的整体强度；"选集"可对运动图形选集的物体进行设置；"最大/最小"设置当前变换的范围，如图 3-3-86 所示。单击"参数"面板，"变换模式"设置效果器作用到物体的方式，包含"相对""绝对""重映射"三个选项；"变换空间"设置物体的坐标变化，包含"节点"（以自身的坐标为基准进行变换）、"效果器"（以简易效果器的坐标为基准进行变换）、"对象"（以克隆物体的坐标为基准进行变换）；"位置/缩放/旋转"勾选后，可以对位置、缩放、旋转进行调节;"颜色"设置效果器的颜色呈现方式,"关闭"不产生颜色,"效果器颜色"是物体跟随效果器颜色显示,"自定义颜色"通过设置颜色参数确定物体颜色,"域颜色"是物体跟随域颜色显示;"使用 Alpha/强度"勾选后,将计算 Alpha 透明通道;"混合模式"设置当前效果器颜色与物体颜色的混合方式;"权重变换"调节物体受其他效果器影响的强度;"U向变换/V 向变换"控制效果器在物体 U/V 向的影响;"修改克隆"调整克隆物体分布状态;"时间偏移"设置动画物体的起始和结束位置;"可见"勾选后,物体在域作用外的部分不可见,如图 3-3-87 所示。

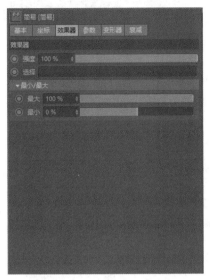

图 3-3-86 简易效果器

图 3-3-87 参数

1)将"简易文件"导入软件,如图 3-3-88 所示。在对象窗口中选择"矩阵",单击"菜单—运动图形—效果器—简易"命令,如图 3-3-89 所示。

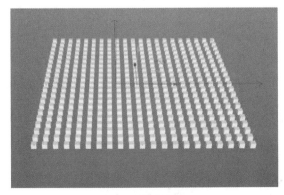

图 3-3-88 简易文件

图 3-3-89 简易

2)在"属性"面板"参数"中,"P.Y"输入"125",如图 3-3-90 所示。"衰减—域对象"选择"线性域",如图 3-3-91 所示。

图 3-3-90　简易文件

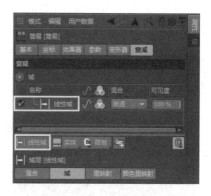

图 3-3-91　简易

3）也可以在"属性"面板"参数—颜色模式"选择"自定义颜色",在"颜色"中选择颜色,如图 3-3-92 所示。此时移动"简易效果器"图标,观察物体的动画效果,如图 3-3-93 所示。

图 3-3-92　颜色

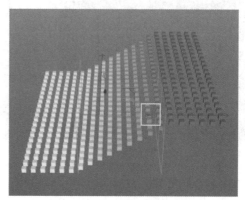

图 3-3-93　动画效果

（3）延迟

延迟可以产生延迟动画效果,通过调整属性可以控制延迟的强度。单击"效果器"面板,"强度"设置"延迟效果器"的整体强度;"选集"可对运动图形选集的物体进行设置;"模式"延迟效果器的样式,包含"平均"（延迟过程中速率保持不变）、"混合"（延迟速率由快至慢）、"弹簧"（延迟产生反弹效果）,如图 3-3-94 所示。"变换"勾选"位置、缩放、旋转"后,可以对物体的位置、缩放、旋转属性设置延迟效果,如图 3-3-95 所示。

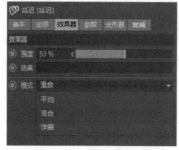

图 3-3-94　延迟效果器

图 3-3-95　参数

1）将"延迟文件"导入软件，如图 3-3-96 所示。在对象窗口中选择"克隆"，单击"菜单—运动图形—效果器—延迟"命令，如图 3-3-97 所示。

图 3-3-96　延迟文件　　　　　　　　　　　图 3-3-97　延迟命令

2）在属性窗口中，"模式"选择"弹簧"，如图 3-3-98 所示。若此时无效果，需要在对象窗口中单击"克隆"，将"延迟"拖至"属性"窗口的"效果器"之中，如图 3-3-99 所示。

图 3-3-98　模式　　　　　　　　　　　　图 3-3-99　效果器

3）观察无"延迟"的动画效果，如图 3-3-100 所示。播放动画，观察延迟效果，如图 3-3-101 所示。

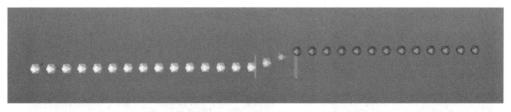

图 3-3-100　无延迟的动画效果

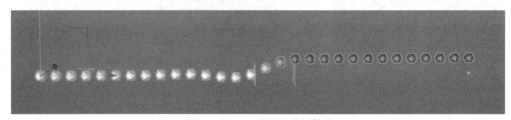

图 3-3-101　延迟的动画效果

（4）公式

通过数学的函数公式对物体产生动画效果，用户也可以自行编写公式。单击"效果器"面板，"强度"设置"公式效果器"的整体强度；"选择"可对运动图形选集的物体进行设置；"最大/最小"设置当前变换的范围；"公式"可以自行编写所需的数学公式，默认为公式为 sin(((id/count)+t)*360.0)，物体产生正弦波形变化；"变量"提供了在编写公式过程中可使用的内置变量；"t-工程时间"：此参数越接近"0"则物体速度越慢；"f-频率"：需要编写入公式内部才能起作用（默认不参与计算），如图 3-3-102 所示。

1）分别创建一个"平面"和"公式效果器"，如图 3-3-103 所示。

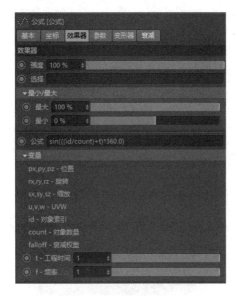

图 3-3-102　公式效果器

图 3-3-103　对象

2）将"公式效果器"拖至"平面"之中（"公式效果器"为"平面"的子级别），如图 3-3-104 所示。在"属性"窗口"参数"中，"P.X"输入"0"、"P.Y"输入"0"、"P.Z"输入"50"，如图 3-3-105 所示。

图 3-3-104　子级别

图 3-3-105　参数

3）在"变形器—变形"选择"点"，如图 3-3-106 所示。播放动画，观察"公式效果器"效果，如图 3-3-107 所示。

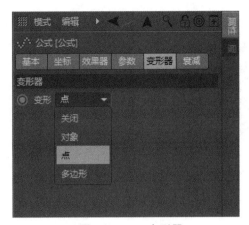

图 3-3-106 变形器

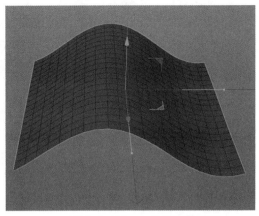

图 3-3-107 公式效果器动画

4）也可以在"属性—效果器—公式"输入"sin(((id/count)+t)*720.0)"，如图 3-3-108 所示。播放动画，观察"公式效果器"效果，如图 3-3-109 所示。

图 3-3-108 效果器

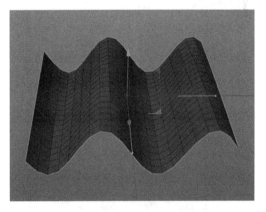

图 3-3-109 公式效果器动画

（5）继承

继承可以将物体的动画从一个物体转移到另一个物体象。单击"效果器"面板，"强度"设置"继承效果器"的整体强度；"选集"可对运动图形选集的物体进行设置；"继承模式"设置当前物体继承的方式，包含"直接"（继承物体的状态且无延迟）、"动画"（继承对象物体的动画）；"对象"是将物体拖至"对象"属性中，就可继承物体的状态或动画；"变体运动对象"勾选后，继承物体状态会随对象物体状态变化而变化；"衰减基于"勾选后，继承物体会保持动画中某一帧状态不再产生变化；"变换空间"控制当前继承动画的作用位置，包含"生成器"（产生的动画效果以工具的坐标位置进行变换），"节点"（产生的动画效果都会以物体自身的坐标位置进行变换）；"开始"设置继承动画的起始时间；"终点"设置继承动画的结束时间；"步幅间隙"（"变换空间"选择"节点"时）可以调整物体间的运动时差；"循环动画"勾选后，播放结束后会从开始帧重新进行动画演示，如图 3-3-110 所示。

1）导入"继承文件"到软件，如图 3-3-111 所示。

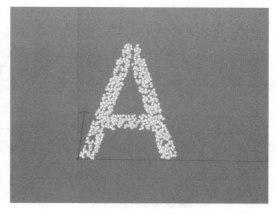

图 3-3-110　继承效果器　　　　　　　　图 3-3-111　导入文件

2）单击"菜单—运动图形—效果器—继承"命令，如图 3-3-112 所示。将"对象"窗口"克隆 B"，拖至"属性"窗口"效果器"的"对象"中，勾选"变体运动对象"，如图 3-3-113 所示。

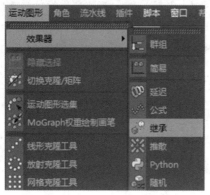

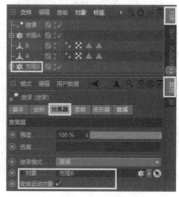

图 3-3-112　继承效果器　　　　　　　　图 3-3-113　调节属性

3）将"继承效果器"拖至"克隆 A"的"属性"窗口"效果器"之中，如图 3-3-114 所示。此时拖动"继承效果器—效果器—强度"滑块，观察动画效果，如图 3-3-115 所示。

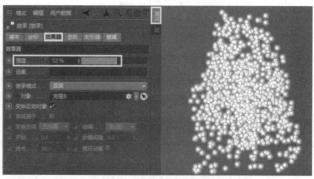

图 3-3-114　克隆效果器　　　　　　　　图 3-3-115　继承效果器动画

（6）推散

可以将运动图形的元素往各个方向推散，用来做一些爆炸、发射之类的效果。单击"效果器"面板，"强度"设置"推散效果器"的整体强度；"选集"可对运动图形选集的物体进行设置；"模式"推散的样式；"半径"调节范围大小；"迭代"质量控制器，如图3-3-116所示。

1）导入"推散文件"到软件，如图3-3-117所示。

图 3-3-116　推散效果器

图 3-3-117　导入文件

2）在对象窗口中选择"克隆"，单击"菜单—运动图形—效果器—推散"命令，如图3-3-118所示。在属性窗口拖动"强度"观察推散效果，也可选择不同"模型"观察效果，如图3-3-119所示。

图 3-3-118　推散

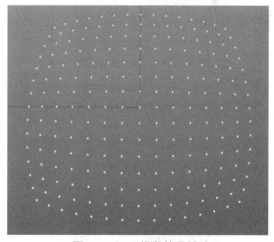

图 3-3-119　推散效果器动画

（7）Python

Python是使用Python代码控制运动图形参数的效果器，使用此效果器需要一些Python的编程基础（本书对此效果器不进行讲解），如图3-3-120所示。

图 3-3-120　Python 效果器

（8）随机

随机可对物体的位置、大小、旋转以及颜色产生随机的变化。单击"效果器"面板，"强度"设置"随机效果器"的强度；"选择"可对运动图形选集的物体进行设置；"最大/最小"设置当前变换的范围；"随机模式"为随机的样式；"同步"勾选后，单一的随机值不会影响到每一个变换属性；"索引"勾选后，产生更多的随机效果；"种子"设置随机值，如图 3-3-121 所示。

1）导入"随机文件"到软件，如图 3-3-122 所示。

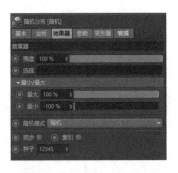

图 3-3-121　随机效果器

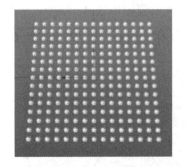

图 3-3-122　导入文件

2）在对象窗口中选择"克隆"，单击"菜单—运动图形—效果器—随机"命令，如图 3-3-123 所示。在属性窗口拖动"强度"观察推散效果，也可选择不同"随机模式"观察效果，如图 3-3-124 所示。

图 3-3-123　随机

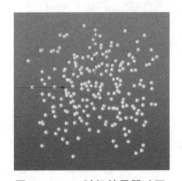

图 3-3-124　随机效果器动画

（9）重置效果器

重置效果器使受到效果器影响的运动图形参数回到默认状态，同时对多个效果器进行集中调节。单击"效果器"面板，"强度"设置"重置效果器"的强度；"选集"可对运动图形选集的物体进行设置；"效果器"可将在重置效果器影响下失去作用的效果器放在其中，将恢复作用继续调节，如图 3-3-125 所示。

1）导入"重置文件"到软件，如图 3-3-126 所示。

图 3-3-125 重置效果器属性

图 3-3-126 重置文件

2）在对象窗口中选择"克隆"，单击"菜单—运动图形—效果器—重置效果器"命令，如图 3-3-127 所示。在透视视图中观察效果，如图 3-3-128 所示。

图 3-3-127 重置效果器

图 3-3-128 重置效果

3）可以将"推散""随机"效果器，拖至"属性"的"效果器"之中，如图 3-3-129 所示。调节"效果器"下方的"推散""随机"属性，继续改变物体的状态，如图 3-3-130 所示。

图 3-3-129 效果器

图 3-3-130 效果器属性

（10）着色

着色通过将纹理图像的灰度值投射到物体，从而影响运动图形的参数及颜色。单击"效果器"面板，"强度"设置"着色效果器"的强度；"选择"可对运动图形选集的物体进行设置；"最大/最小"设置当前变换的范围，如图 3-3-131 所示。单击"着色"面板，"通道"可选择纹理或材质的通道属性；"着色器"（"通道"选择"自定义着色器"时）选择纹理图片；"偏移 U/偏移 Y"调节纹理在"U 轴/Y 轴"的位移；"长度 U/长度 V"调节纹理图片的拉伸；"平铺"勾选后，纹理图片将平铺映射在物体表面；"使用"利用色彩或 Alpha 影响物体的变换，包含"Alpha""灰暗""红色""绿色""蓝色"；"反转"勾选后，可以反转 Alpha 通道，如图 3-3-132 所示。

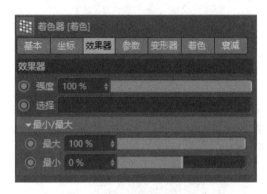

图 3-3-131　着色效果器

图 3-3-132　着色

1）导入"着色文件"到软件，如图 3-3-133 所示。在对象窗口中选择"克隆"，单击"菜单—运动图形—效果器—着色效果器"命令，如图 3-3-134 所示。

图 3-3-133　效果器

图 3-3-134　着色

2）在属性窗口"着色"中，单击■导入"着色纹理 jpg"，如图 3-3-135 所示。在对象窗口中选择"克隆"，在属性窗口"变换"中，"W（UV）有 ⅢⅢ 人+ ▲ —定向"选择"Y+"，如图 3-3-136 所示。在视图窗口中观察效果，如图 3-3-137 所示。

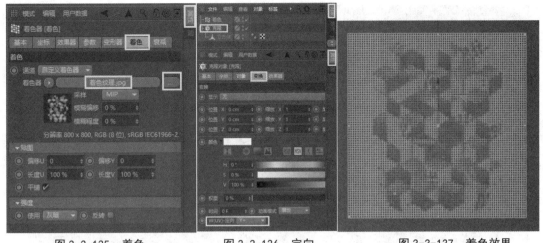

图 3-3-135 着色 　　　图 3-3-136 定向 　　　图 3-3-137 着色效果

3）在属性窗口"参数"中，勾选"位置"、"P.Y"输入"50"、不勾选"等比缩放"、"S.Y"输入"25"，如图 3-3-138 所示。此时再观察效果，如图 3-3-139 所示。

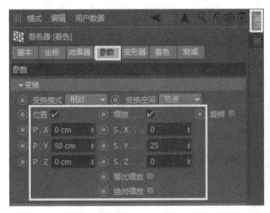

图 3-3-138 参数

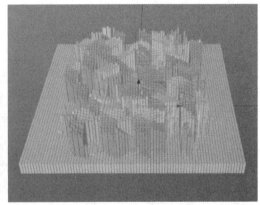

图 3-3-139 着色效果

技能点四　变形器

变形器是在工作中较常使用的工具，其主要作用是对物体进行变形效果的制作。在使用过程中需要将变形器放置到物体的"子级别"进行操作，或者将变形器放置到层级（层级中包含多个物体）的"子级别"进行操作。多数变形器会显示出蓝色的边框，即变形器的影响范围。选择变形器的时候，可以单击"菜单—创建—变形器"在弹出的菜单中选择，如图 3-4-1 所示；或是在"工具栏"中鼠标左键长按"扭曲"，如图 3-4-2 所示。

图 3-4-1　菜单

图 3-4-2　工具栏

创建"变形器"后，在"属性"对话框中，变形器各个模式的面板很相似，都是包含"基本""坐标""对象""衰减"，尤其是"基本"，如图 3-4-3 所示。"坐标"如图 3-4-4 所示。"衰减"如图 3-4-5 所示。面板属性与"效果器"基本相同，使用时可以相互参考借鉴。还有重要的一点是，如果想得到精细的变形效果，模型需要有较高的细分参数。

图 3-4-3　基本

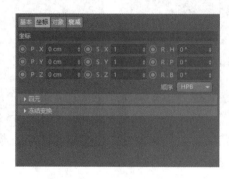

图 3-4-4　坐标

图 3-4-5　衰减

1. 扭曲

扭曲是制作弯曲效果的变形器。单击"属性"面板，"尺寸"调节变形器的位置；"模式"设置物体扭曲模式，其中，"限制"指物体在扭曲范围框内产生扭曲的作用，"框内"指物体在扭曲范围框内才能产生扭曲的效果，"无限"是指物体不受扭曲范围框的限制；"强度"控制变形强度的大小；"角度"控制扭曲的角度变化；"保持纵轴长度"勾选后，将保持物体的纵轴长度不变；"匹配到父级"是指变形器自动与父级物体的大小、位置进行对齐匹配，如图 3-4-6 所示。（不做特别说明时，均是导入"变形器文件"进行演示）观察扭曲变形器的效果，如图 3-4-7 所示。

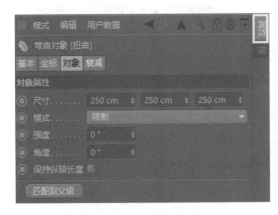

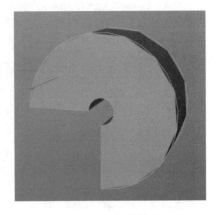

图 3-4-6 扭曲属性   图 3-4-7 扭曲效果

2. 膨胀

膨胀是制作膨胀效果的变形器。单击"属性"面板,"尺寸"调节变形器的位置;"强度" 控制变形强度的大小;"角度"控制膨胀的角度变化;"圆角"勾选后,保持膨胀时候圆角效果;"匹配到父级"是指变形器自动与父级物体的大小、位置进行对齐匹配,如图 3-4-8 所示。观察膨胀变形器的效果,如图 3-4-9 所示。

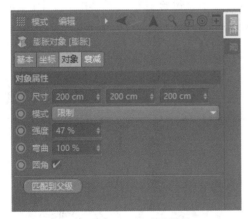

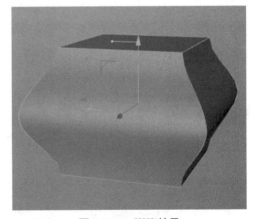

图 3-4-8 膨胀属性   图 3-4-9 膨胀效果

3. 斜切

斜切是制作除底面(相对固定)其他位置可以进行倾斜弯曲效果的变形器。单击"属性"面板,"尺寸"调节变形器的位置;"模式"设置物体斜切/倾斜弯曲模式,"限制"指物体在扭曲范围框内产生斜切/倾斜弯曲的作用,"框内"指物体在扭曲范围框内才能产生斜切/倾斜弯曲的效果,"无限"是指物体不受扭曲范围框的限制;"强度"控制斜切/倾斜弯曲强度的大小;"角度"控制斜切的角度变化;"圆角"勾选后,保持斜切时的圆角效果;"匹配到父级"是指变形器自动与父级物体的大小、位置进行对齐匹配,如图 3-4-10 所示。观察斜切/倾斜弯曲变形器的效果,如图 3-4-11 所示。

图 3-4-10　斜切属性

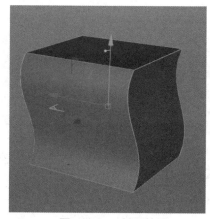

图 3-4-11　斜切效果

4. 锥化

锥化是制作锥型效果的变形器。单击"属性"面板，"尺寸"调节变形器的位置；"模式"设置物体锥化模式，"限制"指物体在扭曲范围框内产生锥化的作用，"框内"指物体在扭曲范围框内才能产生锥化的效果，"无限"是指物体不受扭曲范围框的限制；"强度"控制锥化强度的大小；"角度"控制锥化的角度变化；"圆角"勾选后，保持锥化时的圆角效果；"匹配到父级"是指变形器自动与父级物体的大小、位置进行对齐匹配，如图 3-4-12 所示。观察锥化变形器的效果，如图 3-4-13 所示。

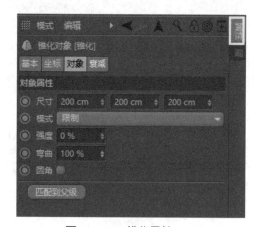

图 3-4-12　锥化属性

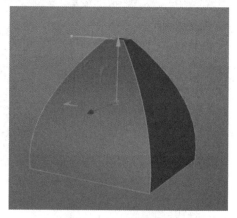

图 3-4-13　锥化效果

5. 螺旋

螺旋是制作螺旋效果的变形器。单击"属性"面板，"尺寸"调节变形器的位置；"模式"设置物体螺旋模式，"限制"指物体在扭曲范围框内产生螺旋的作用，"框内"指物体在扭曲范围框内才能产生螺旋的效果，"无限"是指物体不受扭曲范围框的限制；"强度"控制螺旋强度的大小；"角度"控制螺旋的角度变化；"匹配到父级"是指变形器自动与父级物体的大小、位置进行对齐匹配，如图 3-4-14 所示。观察螺旋变形器的效果，如图 3-4-15 所示。

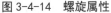

图 3-4-14 螺旋属性

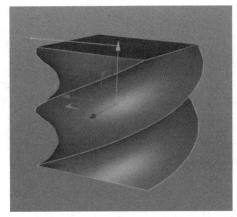

图 3-4-15 螺旋效果

6. FFD

FFD 是通过网格的点去调节物体的形状变化。单击属性面板,"栅格尺寸"调节 FFD 的"X/Y/Z"轴向上栅格的尺寸大小;"水平网点/垂直网点/纵深网点"设置 FFD 的"X/Y/Z"轴向上线段分布的数量,如图 3-4-16 所示。选择"点"即可对 FFD 进行控制,如图 3-4-17 所示。在属性窗口用鼠标右键单击"立方体",在弹出的菜单中选择"当前状态转对象",即可保持当前模型形状,如图 3-4-18 所示。

图 3-4-16 FFD 属性

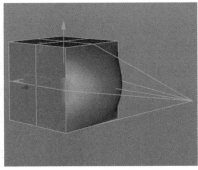

图 3-4-17 FFD 效果

图 3-4-18 当前状态转对象

7. 网格

网格是将物体生成网格对另一物体进行变形操作。单击"属性"面板,"自动初始化"将物体生成网格;"网笼"可增添控制模型的物体,如图 3-4-19 所示。

(1)在对象窗口中选择"球体",将其拖至属性窗口的"网笼"之中,如图 3-4-20 所示。在透视视图中观察"球体"生成网格形状,如图 3-4-21 所示。

图 3-4-19　网格

图 3-4-20　网笼

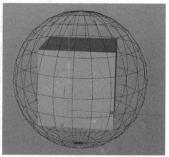
图 3-4-21　生成网格

（2）在属性窗口单击"初始化"激活网格，如图 3-4-22 所示。在对象窗口选择"球体"，如图 3-4-23 所示。选择"球体"的"点"进行移动，"立方体"形状产生变形，如图 3-4-24 所示。

图 3-4-22　初始化

图 3-4-23　球体

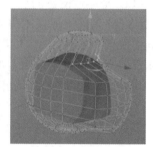
图 3-4-24　变形效果

8. 挤压&伸展

挤压&伸展是用于对物体进行变形操作。单击"属性"面板，"顶部/中部/底部"控制物体顶部、中部和底部的变形；"方向"设置物体沿 X 轴的方向扩展；"因子"控制挤压、伸展的程度，必须先调整此参数，其他参数才能起作用；"膨胀"设置物体的膨胀变化；"平滑起点、平滑终点"设置物体起点和终点的平滑程度；"弯曲"设置物体的弯曲；"类型"是挤压&伸展的方式；"匹配到父级"是指变形器自动与父级物体的大小、位置进行对齐匹配，如图 3-4-25 所示。观察挤压&伸展变形器的效果，如图 3-4-26 所示。

图 3-4-25　挤压&伸展属性

图 3-4-26　挤压&伸展效果

9. 融解

融解是制作融化效果的变形器。单击"属性"面板,"强度"控制变形强度的大小;"半径"设置融解对象的半径变化;"垂直随机/半径随机"设置垂直和半径的随机值;"融解尺寸"设置融解尺寸大小;"噪波缩放"控制噪波缩放变化,如图3-4-27所示。观察融解变形器的效果,如图3-4-28所示。

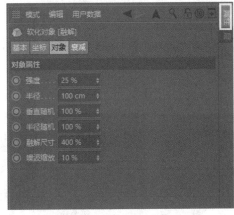

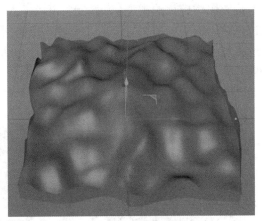

图3-4-27 融解属性   图3-4-28 融解效果

10. 爆炸

爆炸是制作爆炸效果的变形器。单击"属性"面板,"强度"设置爆炸程度;"速度"设置碎片到爆炸中心的距离;"角速度"设置碎片的旋转角度;"终点尺寸"设置碎片爆炸完成后的大小;"随机特性"设置爆炸的随机效果,如图3-4-29所示。观察爆炸变形器的效果,如图3-4-30所示。

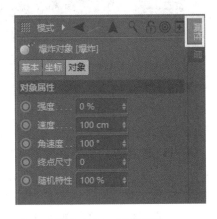

图3-4-29 爆炸属性   图3-4-30 爆炸效果

11. 爆炸FX

与"爆炸变形器"类似,但是效果更真实。单击"属性"面板中"对象","时间"控制爆炸的范围,如图3-4-31所示。单击"属性"面板中"爆炸","强度"设置爆炸强弱;"衰减"控制爆炸强度的由内而外的衰减;"变化"设置爆炸强度的随机变化;"方向"控制爆炸方向;"线性"勾选后,爆炸碎片受力相同;"变化"调节爆炸方向的随机值;"冲击时间"设置爆炸强度;"冲击速度"控制爆炸范围;"衰减"调节冲击速度的爆炸范围;"变化"设置冲击速度的随机变化;"冲击范围"设置物体表面以外的爆炸范围(红色变形器)不加速爆炸;"变化"物体表面以外的爆炸范围(红色变形器)的细微变化,如图 3-4-32所示。单击"属性"面板中的"簇","厚度"设置爆炸碎片的厚度;"厚度"设置爆炸碎片厚度的随机比例;"密度"设置每组碎片的密度;"变化"设置每组碎片的密度变化;"簇方式"设置爆炸碎片的类型;"蒙版"可以拖入其他物体做蒙版使用"固定未选部分"(簇方式选择使用选集标签)勾选后,未被选择的部分不参与爆炸;"最少边数/最多边数"(簇方式选择选自动时)勾选后,设置形成碎片多边形的最大边数和最小边数;"消隐"勾选后,使碎片逐渐消失;"类型"设置碎片消失的方式;"开始/延时"设置爆炸碎片消失所需要的时间和距离,如图 3-4-33 所示。

图 3-4-31　对象

图 3-4-32　爆炸

图 3-4-33　簇

　　单击"属性"面板中的"重力","加速度"设置重力的加速度;"变化"设置重力加速度的变化值;"方向"设置重力加速度的方向;"范围"设置重力加速度的范围;"变化"对重力加速度的微调,如图 3-4-34 所示。单击"属性"面板中的"旋转","速度"设置碎片旋转速度;"衰减"设置碎片旋转速度逐渐变慢;"变化"设置碎片旋转速度的变化值;"转轴"控制碎片的旋转轴;"变化"控制碎片旋转轴的倾斜,如图 3-4-35 所示。单击"属性"面板中的"专用","风力"设置 Z 轴的正负值决定方向;"变化"设置风力大小的变化;"螺旋"设置 Y 轴的正负值,决定方向;"变化"设置旋转力的随机变化值,如图 3-4-36 所示。观察爆炸 FX 变形器的效果,如图 3-4-37 所示。

   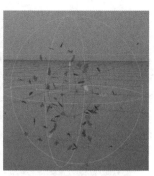

图 3-4-34 对象　　　图 3-4-35 旋转　　　图 3-4-36 专用　　　图 3-4-37 爆炸 FX 效果

12. 破碎

破碎是制作破碎效果的变形器。单击"属性"面板中的"对象","强度"设置破碎的起始和结束;"角速度"设置碎片的旋转角度;"终点尺寸"调节破碎结束时碎片的大小;"随机特性"对破碎形状微调,如图 3-4-38 所示。观察破碎变形器的效果,如图 3-4-39 所示。

图 3-4-38 对象　　　　　　　　　图 3-4-39 破碎效果

13. 修正

修正可以对物体的点线面进行调整。单击"属性"面板中的"对象","锁定"勾选后,可以防止变形器的状态被更改;"缩放"勾选后,将重新缩放其初始状态的任何点;"映射"可选择修正变形器计算方法,包含"UV""临近""法线";"强度"控制变形强度的大小;"更新"是更新变形器的多边形点的计数;"冻结"是指冻结变形器的状态;"重置"恢复变形器点的计数,如图 3-4-40 所示。修正可以直接对物体进行点的调节,如图 3-4-41 所示。

 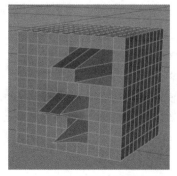

图 3-4-40 修正　　　　　　　　　图 3-4-41 修正效果

14. 颤动

颤动是制作颤动效果的变形器。单击"属性"面板中的"对象","启动停止"勾选后，物体停止运动后不再受变形器影响；"局部"勾选后，变形器仅在物体的局部坐标更改时才起作用；"强度"控制变形强度的大小；"硬度/构造/黏滞"调节颤动的细节变化；"映射"通过贴图精确变形物体；"运动比例"调节运动停止后颤动细节；"弹簧"设置颤动的弹簧数；"迭代"调节颤动的僵硬效果，如图 3-4-42 所示。

（1）将"颤动文件"导入软件，如图 3-4-43 所示。

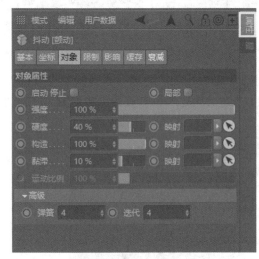
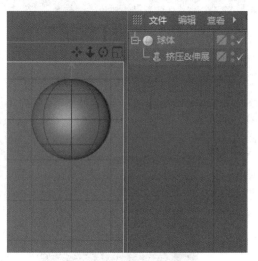

图 3-4-42　颤动属性　　　　　　　　　　图 3-4-43　导入文件

（2）创建"颤动"变形器，在对象窗口中，将其放置到"挤压&伸展"之下，如图 3-4-44 所示。在属性窗口中，"强度"输入"200"、"硬度"输入"40"、"构造"输入"0"、"黏滞"输入"10"，如图 3-4-45 所示。观察颤动变形器的效果，如图 3-4-46 所示。

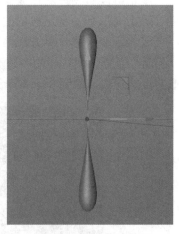

图 3-4-44　颤动　　　　　图 3-4-45　调节属性　　　　　图 3-4-46　颤动效果

15. 变形

变形的基本要求是两个物体顶点的数目要保持一致，需要和姿态变形标签一同使用。

单击"属性"面板中的"对象","强度"控制变形强度的大小;"变形"可将物体拖入"变形"之中,设置变形物体,如图 3-4-47 所示。

（1）将"变形文件"导入软件,如图 3-4-48 所示。

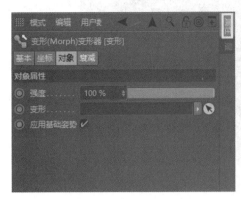

图 3-4-47　变形属性

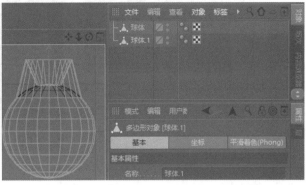

图 3-4-48　导入文件

（2）在"对象"窗口中鼠标右键单击"球体",在弹出的菜单选择"角色标签—姿态变形",如图 3-4-49 所示。在对象窗口中单击"姿态变形"图标,在"属性"窗口中勾选"点",如图 3-4-50 所示。

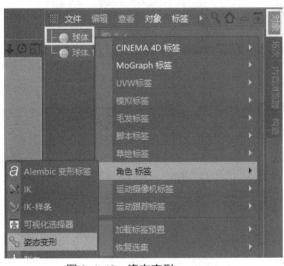

图 3-4-49　姿态变形

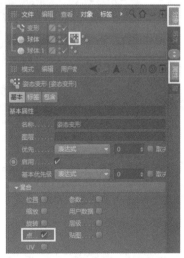

图 3-4-50　点

（3）在对象窗口中选择"球体.1",将其拖至属性窗口"姿态"中,在弹出的对话框中单击"是",如图 3-4-51 所示。创建"变形"变形器放置在"球体"的子级别,如图 3-4-52所示。

图 3-4-51　姿态　　　　　　　　　　　图 3-4-52　变形

（4）将对象窗口的"姿态变形"图标拖至属性窗口的"变形"中，如图 3-4-53 所示。将"球体.1"隐藏显示，如图 3-4-54 所示。

图 3-4-53　姿态变形图标　　　　　　　图 3-4-54　隐藏球体.1

（5）拖动"球体.1"滑块，如图 3-4-55 所示。观察"球体"的变形效果，如图 3-4-56 所示。

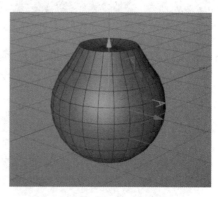

图 3-4-55　拖动滑块　　　　　　　　　图 3-4-56　变形效果

通过以上学习,读者可以了解动画知识及综合使用方法。为了巩固所学知识,通过以下几个步骤,使用动画知识实现"文字破碎效果"。破碎效果是一种常见的动画效果,但是制作过程十分烦琐。现在利用 Cinema 4D 的功能实现此效果十分简便,而且细节丰富,效果真实自然。

(1)将"破碎文件"导入软件,如图 3-5-1 所示。在"时间线"面板中"结束时间"输入"300",如图 3-5-2 所示。

图 3-5-1 导入文件

图 3-5-2 结束时间

(2)单击"菜单—运动图形—破碎(Voronoi)"命令,如图 3-5-3 所示。在对象窗口国将"文字"放置在"破碎(Voronoi)"的子级别,如图 3-5-4 所示。

图 3-5-3 破碎命令

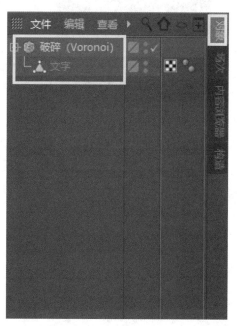

图 3-5-4 子级别

(3)在属性窗口"来源"中单击"点生成器—分布"(将后方显示关闭),"点数量"输入"800",如图 3-5-5 所示。选择对象窗口中的"破碎",单击"菜单—运动图形—效果器—推散"命令,如图 3-5-6 所示。

图 3-5-5　来源

图 3-5-6　推散

（4）在"效果器"的"半径"输入"150"，如图 3-5-7 所示。在属性窗口中单击"衰减"，创建一个新域对象，选择"球体域"，如图 3-5-8 所示。

图 3-5-7　半径

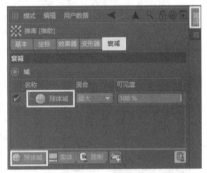

图 3-5-8　创建球体域

（5）在"球体域"的"重映射"中勾选"反向"，"内部偏移"输入"30"，如图 3-5-9 所示。将"时间指针"拖至"0"帧位置，如图 3-5-10 所示。

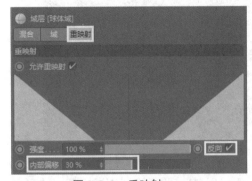

图 3-5-9　重映射

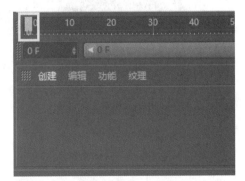

图 3-5-10　时间指针

（6）在属性窗口"域"中单击"尺寸"的"记录关键帧"（呈红色显示），如图 3-5-11 所示。将"时间指针"拖至"270"帧位置，如图 3-5-12 所示。

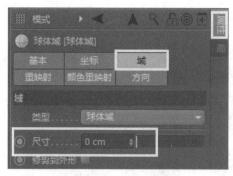

图 3-5-11　尺寸关键帧

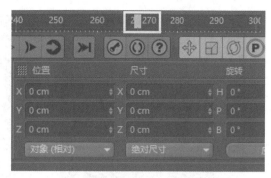

图 3-5-12　内部偏移

（7）在属性窗口"域"中，"尺寸"输入"2100"，同时单击"记录关键帧"（呈红色显示），如图 3-5-13 所示。此时基本形成一个破碎动画，如图 3-5-14 所示。

图 3-5-13　时间指针

图 3-5-14　破碎动画

（8）选择"破碎"，单击"菜单—运动图形—效果器—简易"命令，如图 3-5-15 所示。在属性窗口"参数"中，不勾选"位置"，勾选"缩放""等比缩放"，"缩放"输入"-1"，如图 3-5-16 所示。

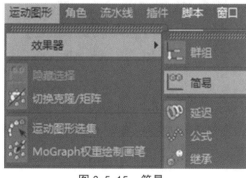

图 3-5-15　简易

图 3-5-16　简易参数

（9）在对象窗口中选择"球体域"，将其拖至属性窗口"衰减"的"域"中，如图 3-5-17 所示。此时破碎效果只显示"球体域"范围之内的内容，如图 3-5-18 所示。

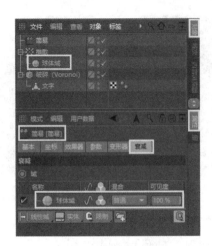

图 3-5-17　简易属性

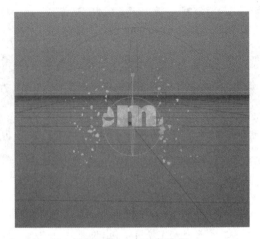

图 3-5-18　观察效果

（10）选择"破碎"，单击"菜单—运动图形—效果器—随机"命令，如图 3-5-19 所示。在对象窗口选择"球体域"，将其拖至属性窗口"衰减"的"域"中，如图 3-5-20 所示。

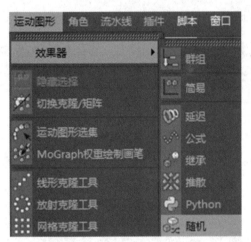

图 3-5-19　随机

图 3-5-20　随机属性

（11）在属性窗口"参数"中，勾选"位置"，分别在"P.X、P.Y、P.Z"输入"1000、1000、1000"，取消"缩放"，勾选"旋转"，分别在"R.H、R.P、R.B"输入"360、360、360"，如图 3-5-21 所示。在"效果器"中，"随机模式"选择"噪波"，"动画速率"输入"10"，"缩放"输入"50"，如图 3-5-22 所示。

图 3-5-21 随机参数

图 3-5-22 随机属性

（12）选择"破碎"，单击"菜单—运动图形—效果器—延迟"命令，如图 3-5-23 所示。在属性窗口"效果器"中，"强度"输入"65"，如图 3-5-24 所示。

图 3-5-23 延迟

图 3-5-24 延迟属性

（13）观察最终动画效果，如图 3-5-25 所示。选择"破碎"，在"属性"窗口"效果器"中变换"效果器"顺序，则会重新计算动画，影响最终的效果，如图 3-5-26 所示。

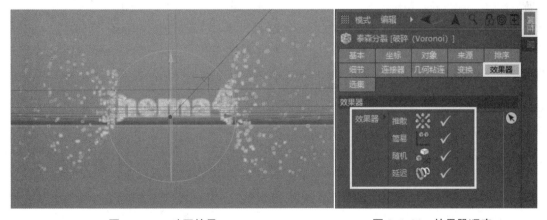

图 3-5-25 动画效果   图 3-5-26 效果器顺序

（14）在不影响计算机正常运转情况下，在属性窗口"对象"中，勾选"优化并关闭孔洞"，如图 3-5-27 所示。观察碎片呈现的立体碎块效果，如图 3-5-28 所示。

图 3-5-27　优化并关闭孔洞　　　　　　　　　　　图 3-5-28　碎块效果

　　本项目通过破碎效果的实现，使读者对动画知识有了初步了解，对动画工具、命令的使用有所了解并掌握，并能够通过所学的相关知识进行动画的制作。

动画	Animate	运动图形	Motion graphics
关键帧	Keyframes	骨骼	Skeleton
正向动力	FK	反向动力	IK
克隆	Clone	时间线窗口	Timeline Ruler
矩阵	Matrix	文本	Text
效果器	Effects	群组	Group
声音	Sound	变形器	Deformer
扭曲	Twist	螺旋	Spiral

1. 选择题

（1）在动画的制作过程中，（　　）是最小的计量画面的单位。（单选）

　　　A. 镜头　　　　　B. 帧　　　　　　C. 秒　　　　　　D. 栅格

（2）（　　）作用就是给"运动图形"增添更多调节的属性。（单选）

　　　A. 效果器　　　　B. 变形器　　　　C. 生成器　　　　D. 域

（3）骨骼权重就是骨骼对模型（　　）与（　　）大小调节。（多选）

　　　A. 控制力度　　　B. 控制强度　　　C. 控制范围　　　D. 控制曲线

（4）群组效果器相当于一个（　　）的概念。（单选）

　　　A. 层　　　　　　B. 域　　　　　　C. 组　　　　　　D. 选集

（5）下列属于"效果器"的是（　　）。（多选）

A. 声音   B. 着色   C. 时间   D. 步幅

2. 填空题

（1）在动画的制作过程中，（   ）是最小的计量画面的单位。

（2）（   ）是将一个物体复制成多个物体，使用不同的模式对其排列组合出不同效果。

（3）（   ）可以展现物体的运动轨迹。

（4）效果器需要配合（   ），对物体进行更多的动画效果的调节。

（5）（   ）主要的作用是对物体进行变形效果的制作。

3. 简答题

（1）绘画出小球弹跳的运动规律。

（2）简述三种"变形器"的名称及特点。

4. 操作练习

使用学过的知识制作一个动画效果，要求动作符合运动规律，或是展现软件的矩阵效果，表现出物体的动态美感。在使用技术层面至少需要使用关键帧、骨骼、运动图形、效果器、变形器等中的两项，最终动画演示要效果流畅，细节丰富。

项目四 特效篇"毛发效果"的制作

通过学习关于动力学的相关知识，了解 Cinema 4D 软件动力学效果的特点，熟悉制作思路与流程，掌握制作的技巧与方法。在任务实现过程中：

● 掌握刚体与柔体的特点及操作
● 掌握粒子的使用方法及属性
● 掌握毛发的制作方法

【情境导入】

特效是 Cinema 4D 软件的一个重要组成部分，可以模拟出真实的动力学效果，也十分考验制作者的艺术修养。与其他主流三维软件相比，Cinema 4D 中的动力学更简便快捷，利于使用者学习掌握。其真实生动的动力学效果，已经多次在影视作品中得到认可，从根本上提升了工作效率与画面质量。

艺术来源于生活，最终也是要回归生活。在特效的学习过程中，特效制作过程从脚本撰写到最终完成都需要精心制作，是一次对制作者的意志力和耐心的考察。在这个过程中有无数次修改，是对制作者的受挫能力的考验。因此，制作者要发扬不怕困难、顽强拼搏、精益求精的工匠精神，在制作中理解艺术创造特点，找到其思想根源与内涵所在，提升自身综合能力。

【任务描述】

● 运用毛发的命令进行细节的构造与丰富
● 综合使用特效属性实现效果

【效果展示】

使用 Cinema 4D 制作的毛发效果层次细节丰富，毛发之间产生的阴影真实自然，而且操作过程简便易学，可以模拟出现实世界中的头发、绒毛、草丛等效果。纸张飞落是在动画片中较常见的一种效果，特效不仅仅是纸张的飞舞，还要将纸张在空中旋转、卷舒效果显示出来，通过学习此项目，掌握相同效果的不同制作方法。

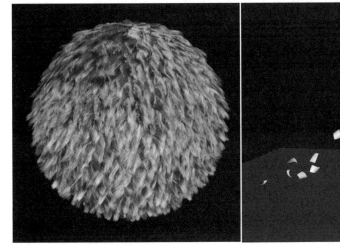

技能点一　刚体与柔体

"刚体/柔体"是模拟真实物体碰撞之后的不同状态，"刚体"是模拟坚硬物体的碰撞效果，"柔体"是模拟柔软物体的碰撞效果。在操作过程中，通过对"刚体/柔体"属性的调节便可以呈现出理想的动力学效果。通常在创建物体后，在对象窗口中设置物体的动力学状态。在操作视图中导入"刚体—柔体文件"，如图 4-1-1 所示。在对象窗口中选择"立方体"，按鼠标右键在弹出的菜单中单击"模拟标签"（模拟标签下包含"刚体""柔体""碰撞体""检测体""布料""布料碰撞器""布料绑带"等模式）中的"刚体"，如图 4-1-2所示。

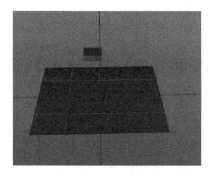

图 4-1-1　导入文件

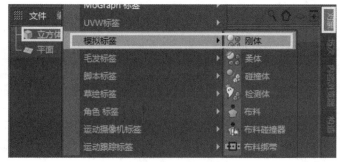

图 4-1-2　刚体模式

在对象窗口中选择"平面",按鼠标右键,在弹出的菜单中单击"模拟标签"中的"碰撞体",如图 4-1-3 所示。此时动力学效果就制作完成,单击播放动画,观看效果(在调试动力学属性后,需要将时间指针调至"0"帧位置,进行播放动画观察),如图 4-1-4 所示。

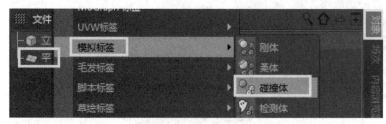

图 4-1-3　碰撞体模式

图 4-1-4　碰撞效果

1. 动力学

在创建"刚体"标签后,"属性"模板中的"力学体标签[力学体]"包含的面板是对"力学"效果的属性调节,如图 4-1-5 所示。选择"动力学"模板,"启用"勾选后,激活动力学效果;"动力学"包含"开启"(物体属性是刚体状态,参与动力学的计算)、"关闭"(物体转换成碰撞体状态)、"检测"(物体转换成检测体,不会产生碰撞或反弹等动力学效果);"设置初始形态"将物体的当前帧设置成动力学效果的状态;"清除初状态"恢复物体的初始状态;"激发"选择不同的动力学碰撞效果,包含"立即"(动力学计算将立即生效)、"在峰速"(如果物体具有动画,将在动画速度最快时计算动力学效果,也就是计算物体运动的惯性)、"开启碰撞"(物体与另一个物体产生碰撞后才进行动力学计算)、"由 Xpresso"(通过节点方式计算动力学效果);"自定义初速度"勾选后,将激活"初始线速度"(调节物体在 X、Y、Z 轴向上的速度)、"初始角速度"(调节物体在 H、P 和 B 轴向上的角度);"对象坐标"勾选后,使用对象自身坐标系统(不勾选,使用世界坐标系统);"动力学转变"勾选后,动力学不再影响物体,物体返回到初始状态;"转变时间"调节返回到初始状态的时间;"线速度阈值/角速度阈值"优化计算速度,直至产生新的动力学效果,再次进行新的计算,如图 4-1-6 所示。

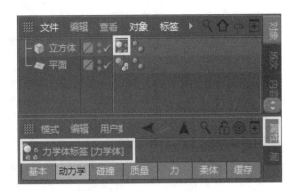

图 4-1-5　力学体标签

图 4-1-6　动力学

（1）在操作视图中导入"开启碰撞文件"，如图 4-1-7 所示。分别给予"球体""刚体"标签、"立方体""刚体"标签、"平面""碰撞体"标签，如图 4-1-8 所示。

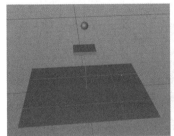

图 4-1-7　开启碰撞文件

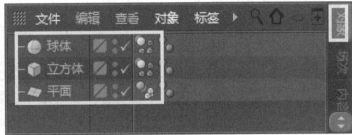

图 4-1-8　模拟标签

（2）在对象窗口中，单击"立方体"的"刚体"标签，在属性窗口"动力学"中，"激发"选择"开启碰撞"，如图 4-1-9 所示。此时点击"播放"，观察动力学效果，如图 4-1-10所示。

图 4-1-9　开启碰撞文件

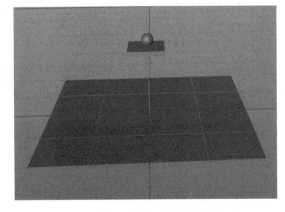

图 4-1-10　动力学效果

2. 碰撞

选择"碰撞"面板，"继承标签"设置"组级别"中"子级别"是否独立参与动力学计算，包含"无"（不参与继承标签）、"应用标签到子级"（"子级别"物体参与独立的动力学计算）、"复合碰撞外形"（动力学只对"组级别"进行计算）、"独立元素"（设置文本参与动力学计算的方式），包含"关闭"（对整个文本进行动力学计算）、"顶层"（对每行文本进行动力学计算）、"第二阶段"（对每个单词进行动力学计算）、"全部"（对每个元素进行动力学计算）；"本体碰撞"勾选后，元素物体之间进行动力学计算；"外形"可选择不同形状替代碰撞物体进行动力学计算；"尺寸增减"设置动力学计算范围；"使用"勾选后，激活"边界"；"边界"数值小则渲染时间短、质量差，数值大则渲染时间长、质量好；"保持柔体外形"勾选后，碰撞变形后会反弹恢复原形；"反弹"设置反弹的大小；"摩擦力"设置物体之间摩擦力的大小；"碰撞噪波"调节碰撞物体产生的多样化状态，如图 4-1-11 所示。

（1）在视图操作中导入"应用标签到子级"文件，如图 4-1-12 所示。

图 4-1-11　碰撞窗口

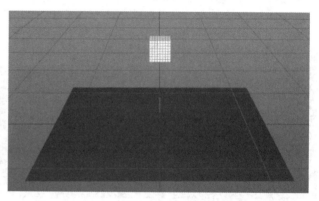

图 4-1-12　导入文件

（2）在对象窗口分别给予"平面""碰撞体"标签和单击"组""刚体"标签，在"属性—碰撞—继承标签"选择"应用标签到子级"，如图 4-1-13 所示。此时播放动画观看效果，如图 4-1-14 所示。

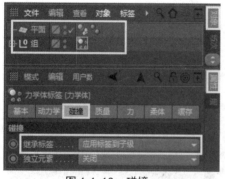

图 4-1-13　碰撞

图 4-1-14　动力学效果

3、质量

选择"质量"面板，"使用"包含"全局密度""自定义密度""自定义质量"，选择"自定义密度"后激活"密度"参数，可设置密度的数值，选择"自定义质量"后激活"质量"参数，可设置质量的数值；"旋转的质量"设置旋转的质量大小；"自定义中心 / 中心"勾选后，激活"中心"选项；"中心"设置物体质量中心。如图 4-1-15 所示。

（1）在视图操作中导入自定义质量文件，如图 4-1-16 所示。

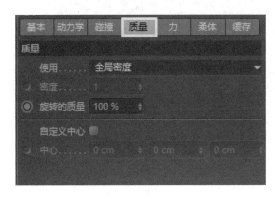

图 4-1-15　质量

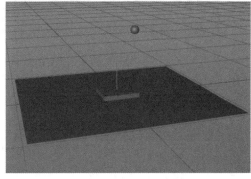

图 4-1-16　导入文件

（2）在对象窗口分别给予"球体"和"立方体""刚体"标签、"平面""碰撞体"标签，单击"球体"的"刚体"标签，在"属性—质量—使用"选择"自定义质量"，"质量"输入"100"，如图 4-1-17 所示。此时播放动画观看效果，如图 4-1-18 所示。

图 4-1-17　质量

图 4-1-18　动力学效果

4. 力

选择"力"面板，"跟随位移 / 跟随旋转"通过给物体的"跟随位移 / 跟随旋转"设置关键帧，可以恢复物体原始状态；"线性阻尼 / 角度阻尼"设置物体在动力学运动中逐渐下降的过程；"力模式"包含"排除"（力列表中的力场将不对物体产生效果）、"包括"（列表中的力场会对物体产生效果）；"力列表"将力场拖入列表产生相应作用，如图 4-1-19 所示。

（1）在视图操作中导入跟随位移文件，如图 4-1-20 所示。

图 4-1-19　力

图 4-1-20　动力学效果

（2）播放动画，在对象窗口单击"克隆""刚体"标签，如图 4-1-21 所示。当"时间指针"在第"35"帧，如图 4-1-22 所示。单击"属性"窗口"力"，在"跟随位移"输入"0"同时"记录关键帧"，如图 4-1-23 所示。

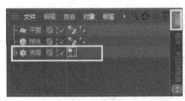
图 4-1-21　刚体标签

图 4-1-22　时间指针

图 4-1-23　记录关键帧

（3）当"时间指针"在第"60"帧时，如图 4-1-24 所示。在"跟随位移"输入"20"同时"记录关键帧"，如图 4-1-25 所示。播放动画，观看效果，如图 4-1-26 所示。

图 4-1-24　时间指针

图 4-1-25　记录关键帧

图 4-1-26　动画效果

5. 柔体

柔体是相对刚体而言，指在动力学的作用下，物体产生形状的变化。在创建柔体时，可以选择"模拟标签—柔体"标签，如图 4-1-27 所示；也可以在"属性"窗口中单击"柔体"，选择"由多边形 / 线构成"，如图 4-1-28 所示。这两种结果是相同的。

图 4-1-27　模拟标签

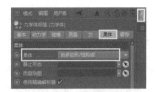

图 4-1-28　由多边形 / 线构成

选择"柔体"面板，柔体包含"关闭"（物体以刚体状态存在）、"由多边形 / 线构成"（物体以普通柔体存在）、"由克隆构成"（物体以整体状态存在，例如弹簧）；"静止形态"是物体静止时候的形状；"质量贴图"通过贴图形式确定动力学效果的位置；"使用精确解析器"勾选后，提升动力学计算的准确度；"构造"设置柔体的每条线的弹性；"阻尼"设置每条线的弹性阻力；"弹性极限"设置弹力消失后线段恢复原状百分比"斜切"设置柔体的斜切方向的弹性；"阻尼"设置斜切方向的弹性阻力；"弯曲"设置柔体点的位置的弹性；"阻尼"设置点的位置的弹性阻力；"弹性极限"设置弹力消失后斜切方向恢复原状的角度"静止长度"调节影响动力学效果的大小；"硬度"调节柔体的坚硬程度；"体积"设置体积的大小；"阻尼"设置影响保持外形的数值大小；"弹性极限"设置弹力消失后物体恢复原状的大小"压力"模拟现实中物体的膨胀效果；"保持体积"设置体积的参数大小；"阻尼"设置影响压力的阻力大小，如图 4-1-29 所示。

（1）在视图操作中导入质量贴图文件，如图 4-1-30 所示。

图 4-1-29　柔体

图 4-1-30　质量贴图文件

（2）选择"球体"上的点，如图 4-1-31 所示。单击"菜单—选择—设置顶点权重"命令，如图 4-1-32 所示。

图 4-1-31　选择点

图 4-1-32　设置顶点权重

（3）在弹出"设置顶点权重"对话框，"数值"输入"100"，单击"确定"，如图 4-1-33 所示。在对象窗口赋予"球体""柔体"标签，如图 4-1-34 所示。

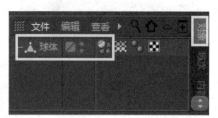

图 4-1-33　数值　　　　　　　　　　　图 4-1-34　柔体标签

（4）将"顶点贴图"标签拖至属性窗口"柔体"的"质量贴图"，如图 4-1-35 所示。在"构造"输入"5"、"斜切"输入"5"、"弯曲"输入"5"、"静止长度"输入"150"，如图 4-1-36 所示。播放动画，观察效果，如图 4-1-37 所示。

图 4-1-35　顶点贴图　　　　图 4-1-36　调节属性　　　　图 4-1-37　效果

6. 缓存

选择"缓存"面板，"本地坐标"勾选后，启用物体自身坐标；"烘焙对象"（烘焙是指保存动力学效果到内部缓存中，方便逐帧观察效果）选择动力学物体进行烘焙；"全部烘焙"对全部动力学物体进行烘焙；"清除对象缓存"选择动力学物体清除其烘焙的动画缓存；"清空全部缓存"对全部动力学物体的烘焙进行清除；"使用缓存数据"勾选后，使用当前缓存文件，如图 4-1-38 所示。

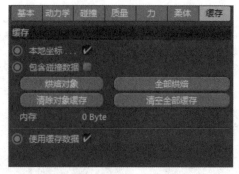

图 4-1-38　缓存

技能点二　粒　子

粒子多用于模拟水、火、雾、气等特殊效果，原理是将无数的粒子组合使其呈现出固定形态，对其属性进行调节，从而模拟出真实自然的效果。粒子的创建是单击"菜单—模拟—粒子—发射器"，如图4-2-1所示。粒子由发射器进行发射。与粒子密切相关的是"发射器"下方的各种"场"，如图4-2-2所示。粒子与场之间相互配合，可以制作出丰富的粒子效果。

图4-2-1　发射器

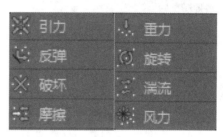

图4-2-2　场

1. 发射器的使用

创建"发射器"后，单击播放动画，便可产生粒子，如图4-2-3所示。但此时的粒子十分呆板，需要在"属性"窗口的"基本""坐标""粒子""发射器""包括"面板进行调节。"基本"面板设置发射器的名称、编辑器和渲染器的显示状态等；"坐标"面板调节粒子发射器在轴上的数值，这两项可以参考之前章节的内容，如图4-2-4所示。

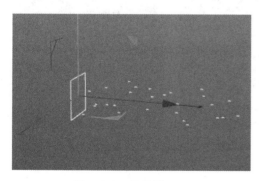

图4-2-3　发射器

图4-2-4　属性

选择"粒子"面板，"编辑器生成比率"设置粒子发射的数量；"渲染器生成比率"渲染粒子的数量；"可见"设置可显示粒子数量的百分比；"投射起点 / 投射终点"设置开始发射粒子的时间和停止发射粒子的时间；"种子"设置粒子的随机值；"生命"设置粒子存在的时间，"变化"即随机值；"速度"设置粒子的运动速度；"旋转"设置粒子的旋转角度；"终点缩放"设置粒子运动结束时的大小；"切线"勾选后，粒子的"Z轴"与发射器的"Z轴"对齐；"显示对象"勾选后，将显示替换粒子的物体；"渲染实例"勾选后，提升运算速度，如图 4-2-5 所示。

（1）在视图操作中导入粒子文件，如图 4-2-6 所示。

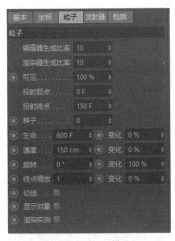

图 4-2-5　粒子

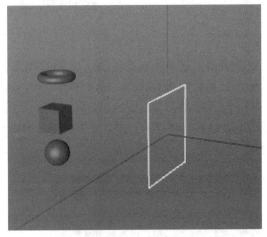

图 4-2-6　文件

（2）在对象窗口中，将"球体""圆环""立方体"放置到"发射器"的子级别，如图 4-2-7 所示。在属性窗口"粒子"面板中，"编辑器生成比率"输入"20"、"投射终点"输入"90"、"种子"输入"100"、"生命"输入"90"、"旋转"输入"90"、"终点缩放"输入"0"、勾选"显示对象"，如图 4-2-8 所示。播放动画，观察效果，如图 4-2-9 所示。

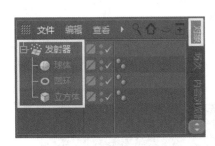

图 4-2-7　子级别

图 4-2-8　属性

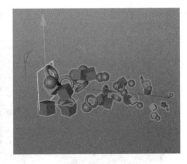

图 4-2-9　效果

2. 创建发射器

选择"发射器"面板，"发射器类型"包括"角锥"和"圆锥"（若选择"圆锥"，"垂直角度"不能使用）；"水平尺寸/垂直尺寸"设置发射器在"X/Y 轴"方向的大小；"水平角度/垂直角度"指的是发射的粒子在"X/Y 轴"方向的直径范围，如图 4-2-10 所示。

（1）在视图操作中导入发射器文件，如图 4-2-11 所示。

图 4-2-10　发射器

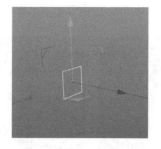

图 4-2-11　发射器文件

（2）在属性窗口"发射器"中，"发射器类型"选择"角锥"、"水平尺寸"输入"10"、"垂直尺寸"输入"10"、"水平角度"输入"90"、"垂直角度"输入"90"，如图 4-2-12 所示。播放动画，观察效果，如图 4-2-13 所示。

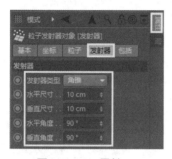

图 4-2-12　属性

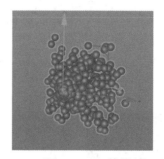

图 4-2-13　效果

3. 包括

选择"包括"面板，"模式"包含"包括"和"排除"，设置使用或删除"场"；"修改"将"场"拖至框内，即可按照"模式"选项执行，如图 4-2-14 所示。

图 4-2-14　排除

4. 场

"场"是物理学中一个重要的概念，场既看不见也摸不着，但它是一种矢量场，与每一点相关的矢量均可用一个力来度量。在软件中就是来模拟这种"场"的作用，与粒子之间相互配合，制作出各种绚丽的画面。每个"场"基本上都包含 4 个属性："基本""坐标""对象""衰减"。其中每个"场"的"基本"设置修改对象名称、设定对象在场景中的坐标等，如图 4-2-15 所示。"坐标"设置场的移动、旋转、缩放等属性，如图 4-2-16 所示。"衰减"相当于给场增添了一个产生出更多细化变化的范围，其属性类似，如图 4-2-17

所示。而针对"场"进行调节，使用较多的是"对象"属性。

图 4-2-15　基本

图 4-2-16　坐标

图 4-2-17　衰减

（1）引力

引力是模拟对粒子起到吸引或排斥作用的场。选择"对象"面板，"强度"设置引力的强度，设置正值对粒子起吸附作用，负值则对粒子起排斥作用；"速度限制"限制粒子过快的运动速度；"模式"包含"加速度"（动力学计算时不参考物体的质量）和"力"（动力学计算时参考物体的质量），如图 4-2-18 所示。

1）在视图操作中导入"粒子（场）"文件，如图 4-2-19 所示。

2）单击"菜单—模拟—粒子—引力"，如图 4-2-20 所示。

图 4-2-18　对象

图 4-2-19　文件

图 4-2-20　引力

3）在属性窗口"坐标"中，"P.Y"输入"100"、"P.Z"输入"200"，如图 4-2-21 所示。"对象"的"强度"输入"50"，如图 4-2-22 所示。播放动画，观察效果，如图 4-2-23 所示。

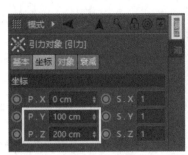

图 4-2-21　坐标

图 4-2-22　对象

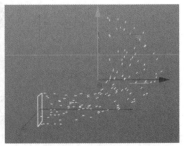

图 4-2-23　引力效果

（2）反弹

反弹（场）模拟将粒子向着相反方向进行反弹。选择"反弹"面板，"弹性"设置反弹的弹力;"分裂波束"勾选后,将粒子分成反弹与不反弹两部分;"水平尺寸/垂直尺寸"设置反弹场的大小,如图 4-2-24 所示。在视图操作中导入"粒子(场)"文件,单击"菜单—模拟—粒子—反弹",如图 4-2-25 所示。在"属性"窗口"坐标"中,"P.Z"输入"150",如图 4-2-26 所示。播放动画,观察效果,如图 4-2-27 所示。

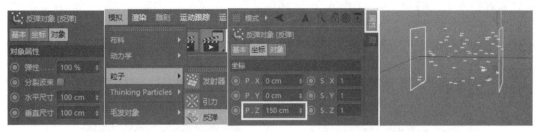

图 4-2-24 对象 　 图 4-2-25 反弹 　 图 4-2-26 坐标 　 图 4-2-27 引力效果

（3）破坏

破坏（场）模拟使粒子消失的效果。选择"破坏"面板,"随机特性"设置不消失粒子的比例;"尺寸"设置破坏场的大小,如图 4-2-28 所示。

1）在视图操作中导入"粒子(场)"文件,单击"菜单—模拟—粒子—破坏",如图 4-2-29 所示。

图 4-2-28 坐标 　　　　　　　　 图 4-2-29 破坏

2）在属性窗口"坐标"中,"P.X、P.Y"输入"0、0"、"P.Z"输入"200",如图 4-2-30 所示;"对象"的"随机特性"输入"50",如图 4-2-31 所示;播放动画,观察效果,如图 4-2-32 所示。

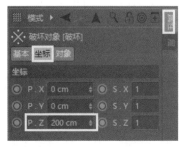

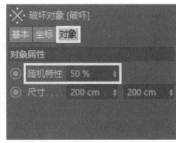

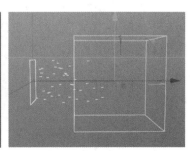

图 4-2-30 坐标 　　　　 图 4-2-31 对象 　　　　 图 4-2-32 破坏效果

（4）摩擦

摩擦（场）模拟粒子运动受到阻滞或驱散的效果。选择"摩擦"面板，"强度"设置摩擦的强度，当设置正值时对粒子起吸附作用，负值则对粒子起排斥作用；"角度强度"设置物体的旋转运动；"模式"包含"加速度"（动力学计算时不参考物体的质量）、"力"（动力学计算时参考物体的质量），如图 4-2-33 所示。

1）在视图操作中导入"粒子（场）"文件，单击"菜单—模拟—粒子—摩擦"，如图 4-2-34 所示。

图 4-2-33　对象

图 4-2-34　摩擦

2）在属性窗口"坐标"中，"P.X"输入"0"、"P.Y"输入"0"、"P.Z"输入"200"，如图 4-2-35 所示。播放动画，观察效果，如图 4-2-36 所示。

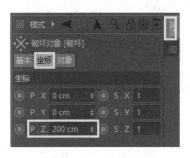

图 4-2-35　坐标

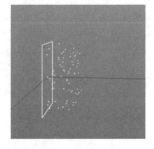

图 4-2-36　破坏

（5）重力

重力（场）模拟粒子下落的重力效果。选择"重力"面板，"加速度"设置下落的速度，设置正值时粒子向下运动，负值时粒子向上运动；"模式"包含"加速度"（动力学计算时不参考物体的质量）、"力"（动力学计算时参考物体的质量）、"空气动力学风"（模拟物体在气流中下落），如图 4-2-37 所示。

1）在视图操作中导入"粒子（场）"文件，单击"菜单—模拟—粒子—重力"，如图 4-2-38 所示。

2）播放动画，观察效果，如图 4-2-39 所示。

图 4-2-37　对象

图 4-2-38　重力

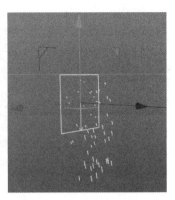

图 4-2-39　重力效果

技能点三　毛　发

毛发特效是 Cinema 4D 特效的重要组成部分，可以模拟现实世界的生长毛发或形态类似毛发的物体。通常在创建毛发时需要有物体作毛发生长的基础。创建毛发后在未渲染时显示"引导线"，"引导线"决定毛发的生成，再通过毛发的命令、毛发的属性、毛发的材质，进一步对毛发的效果进行调节。

1. 毛发的命令

在"菜单"的"模拟"中，包含"毛发对象""毛发模式""毛发编辑""毛发选择""毛发工具""毛发选项"等调节毛发的命令，如图 4-3-1 所示。这部分命令在实际操作中使用较少，此处对其有所了解即可。

图 4-3-1　模拟

（1）毛发对象

可以创建"毛发""羽毛""绒毛"等效果，如图 4-3-2 所示。在视图中创建"球体"，在单击"菜单—模拟—毛发对象—添加毛发"，观看效果，此时显示的是"引导线"，如图 4-3-3 所示。单击"渲染活动视图"对毛发进行渲染，如图 4-3-4 所示。"毛发"中包含动力学效果，单击"播放动画"观看效果，如图 4-3-5 所示。

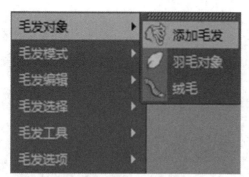

图 4-3-2　毛发对象

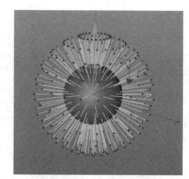

图 4-3-3　添加毛发

图 4-3-4　渲染效果

图 4-3-5　动力学效果

（2）毛发模式

可选择多种毛发显示模式，模式不同影响范围不同，包含"发梢""发根""点""引导线""顶点"，如图 4-3-6 所示。不同模式的毛发，如图 4-3-7 所示。

图 4-3-6　毛发模式

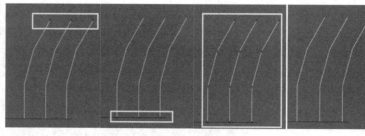

图 4-3-7　发梢、发根、点、引导线模式

"下一顶点""上一顶点"只对"顶点"模式起作用，"下一顶点"效果，如图 4-3-8 所示；"上一顶点"效果，如图 4-3-9 所示。

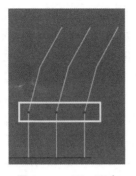

图 4-3-8 下一顶点

图 4-3-9 上一顶点

（3）毛发编辑

对引导线进行剪切、复制等编辑，以及样条与毛发间的互相转化。"毛发转为样条"将引导线转换成样条曲线；"平滑分段"使引导线圆滑；"设为动力学状态"设置毛发的初始状态；"毛发转为引导线"将渲染时显示的毛发转换成引导线；"根除引导线"根除所有全部或部分引导线，如图 4-3-10 所示。在"正方体"上创建毛发，如图 4-3-11 所示。单击"毛发转为引导线"，将毛发转换成引导线显示出来，如图 4-3-12 所示。

图 4-3-10 毛发编辑

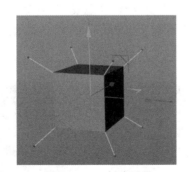

图 4-3-11 创建毛发

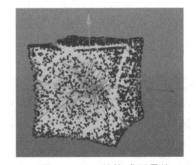

图 4-3-12 转换成引导线

（4）毛发选择

毛发选择包含对毛发的点或样条进行选择的工具。"实时选择/框选/套索选择/多边形选择"是对毛发选择的各种工具；"全部选择/取消选择"选择全部毛发或取消选择毛发；"反向选择"即选择未被选择的毛发，或取消已经被选择的毛发；"隐藏"为隐藏已经选择的毛发，如图 4-3-13 所示。

（5）毛发工具

毛发工具可直接对毛发进行移动、梳理、修剪等操作。"移动/缩放/旋转"对毛发进行位置移动、缩放大小、旋转等操作；"毛刷"可以拖动毛发进行塑形；"梳理"按照特定方向梳理毛发;"集束"对毛发进行扭曲的变形操作;"卷曲"对毛发进行螺旋卷曲的变形操作;"修剪"对毛发进行切割操作;"推动"可将覆盖物体表面下的毛发恢复初始位置;"拉直"将弯曲毛发进行拉直;"增加引导线"可增添更多的毛发;"镜像"对毛发进行镜像复制;"固定发根"固定毛发与物体表面的位置,如图 4-3-14 所示。

（6）毛发选项

对毛发进行对称选择或渐变选择方式,也可在管理器中调节属性。"对称"对毛发进行对称选择;"软选择"对毛发进行渐变选择;"交互动力学""软选择管理器"对渐变选择进行属性调节;"对称管理器"对对称选择进行属性调节,如图 4-3-15 所示。

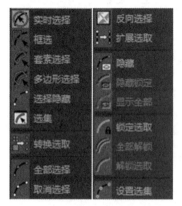

图 4-3-13　毛发选择

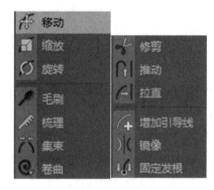

图 4-3-14　毛发工具

图 4-3-15　毛发选项

2. 毛发的属性

毛发属性窗口包含"基本""坐标""引导线""毛发""编辑""生成""动力学""影响""缓存""分离""挑选""高级""平滑着色（Phong）"等属性,在实际操作中使用较多,对毛发的设置调节起到关键作用,如图 4-3-16 所示。

毛发对象 [毛发]				
基本	坐标	引导线	毛发	编辑
生成	动力学	影响	缓存	分离
挑选	高级	平滑着色(Phong)		

图 4-3-16　毛发的属性

（1）基本

设置毛发的名称、编辑器和渲染器的显示状态等,如图 4-3-17 所示。

（2）坐标

设置毛发在"X/Y/Z"三个轴向上的数值,如图 4-3-18 所示。

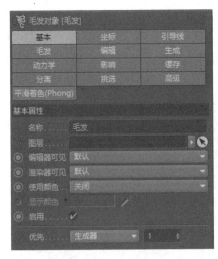

图 4-3-17 基本

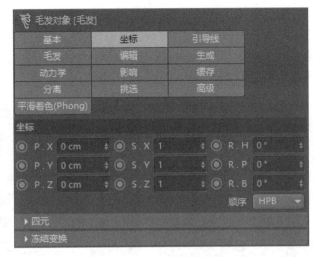

图 4-3-18 坐标

（3）引导线

"引导线"是替代毛发显示的参考线，类似草稿的作用，确定毛发的方向、弯曲等效果，引导毛发生长，而真正的毛发需要渲染才能看见，如图 4-3-19 所示。

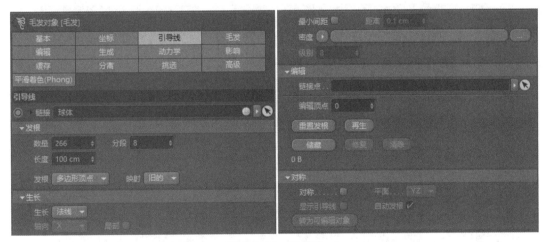

图 4-3-19 引导线

单击"引导线"面板，"链接"是将物体的"点/边/面"制作成选集，拖至链接框内设置成毛发的生长位置；"数量"设置引导线的数量多少；"分段"设置每条引导线的上分段的数量；"长度"设置每条引导线的长短；"发根"设置引导线起点的位置；"生长"设置引导线的生长方式，包含"法线""方向""任意"；"轴向"在"生长"中选择"方向"，激活"轴向"可以选择"X/Y/Z"三种轴向；"最小间距"勾选后，激活"距离"；"距离"设置引导线的之间距离；"密度"可将纹理贴图放置到"密度"中，用以设置该位置引导线的密度；"级别"设置纹理贴图的灰度值；"链接点"可以创建一个空样条对象并将其拖放到"点链接"字段中，便于选择毛发上的点；"编辑顶点"选择可设置的毛发点；"对称"勾选后，对毛发可以进行镜像操作；"平面"只有勾选"对称"后才被激活，可以设置镜像的方向；

"显示引导线"只有勾选"对称"后才被激活，镜像时可显示引导线；"自动发根"只有勾选"对称"后才被激活，自动生成引导线。例如，导入"毛发案例"文件，如图 4-3-20 所示。在属性窗口"引导线"面板中，"数量"输入"100"、"长度"输入"33"、"发根"选择"多边形中心"，如图 4-3-21 所示。

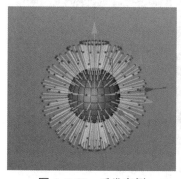 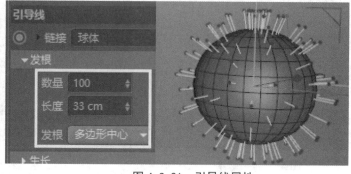

图 4-3-20   毛发案例   图 4-3-21   引导线属性

（4）毛发

即渲染输出的毛发，显示在图像或是视频之中，如图 4-3-22 所示。

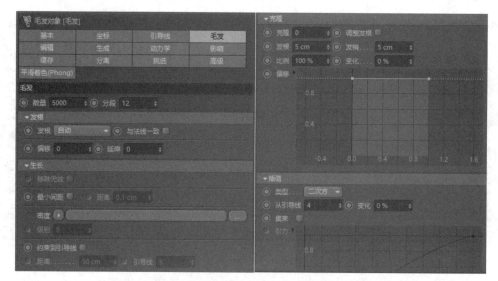

图 4-3-22   毛发

单击"毛发"面板，"数量"设置毛发实际（渲染输出）的数量；"分段"设置毛发的顺畅程度；"发根"设置毛发在物体上的位置；"与法线一致"勾选后，毛发与法线方向相同；"偏移"是在物体上移动毛发；"延伸"延长毛发根部到物体表面；"最小间距"勾选后，设置毛发的间距；"密度"可将纹理贴图放置到"密度"中，用以设置毛发的疏密与位置；"级别"设置纹理贴图灰色调的数量；"约束到引导线"勾选后，毛发在引导线的半径内排列；"距离"在勾选"约束到引导线"后才被激活"距离"，设置半径的大小；"引导线"在勾选"约束到引导线"后才被激活"引导线"，设置引导线的数量；"克隆"设置毛发的克隆次数；"调整发根"勾选后，与物体表面相连接；"发根/发梢"设置克隆毛发的位置；

"比例"设置克隆毛发的缩放比例;"变化"设置克隆毛发的随机;"偏移"使用曲线调整毛发的随机发散,随着头发的长度而变化;"插值"引导线控制毛发渲染的不同计算方式;"从引导线"设置毛发受到引导线影响的程度;"插值"设置插值效果的随机值;"集束"勾选后,创建毛发簇;"引力"使用曲线调节毛发簇的强度。例如,导入"毛发案例"文件,进行渲染观察效果,如图 4-3-23 所示。在属性窗口的"毛发"面板中,"数量"输入"200000",再次进行渲染,观察效果,如图 4-3-24 所示。

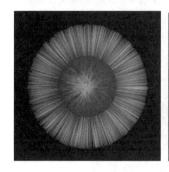

图 4-3-23 渲染

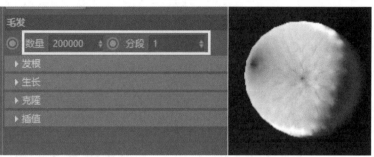

图 4-3-24 毛发属性

（5）编辑

调节观察毛发的方式,如图 4-3-25 所示。

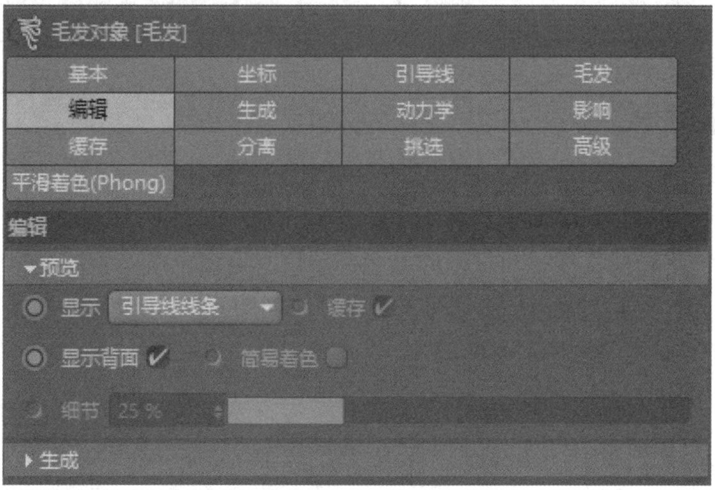

图 4-3-25 编辑

单击"编辑"面板,"显示"设置毛发显示的方式;"缓存"勾选后,提升显示速度,占用更多内存;"显示背面"勾选后,提升显示细节降低运算速度;"简易着色"(在"显示"中选择"引导线多边形""毛发多边形"时)勾选后,提升运算速度;"细节"(在"显示"中选择"毛发线条""毛发多边形"时)勾选后,可以调节毛发的细节。例如,导入"毛发案例"文件,在属性窗口"编辑"面板中,"显示"选择"毛发线条","细节"输入"100",如图 4-3-26 所示;观察最终效果,如图 4-3-27 所示。

图 4-3-26　编辑属性

图 4-3-27　观察效果

（6）生成

对渲染的结果进行调节，如图 4-3-28 所示。

图 4-3-28　生成属性

单击"生成"面板，"渲染毛发"勾选后，才可以对毛发进行渲染；"类型"指毛发的样式；"帧更新"勾选后，将刷新每帧的生成类型。例如，导入"毛发案例"文件，同时创建"角锥"（转为可编辑对象），调节其大小比例，如图 4-3-29 所示。在属性窗口"生成"面板中，"类型"选择"实例"，如图 4-3-30 所示。

图 4-3-29　角锥

图 4-3-30　实例

在对象窗口选择"角锥",将其拖至属性窗口"实例"的"对象"之中,如图 4-3-31 所示;观察毛发的变化效果,如图 4-3-32 所示。

图 4-3-31　调节属性　　　　　　　　　　　　　图 4-3-32　效果

（7）动力学

调节毛发中关于动力学效果的属性,如图 4-3-33 所示。

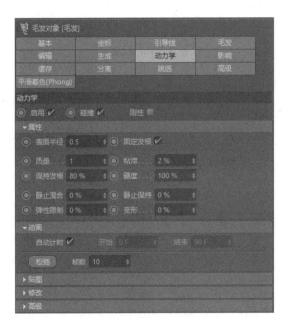

图 4-3-33　动力学

单击"动力学"面板,"启用"勾选后,激活毛发的动力学效果;"碰撞"勾选后,激活毛发的碰撞动力学效果;"刚性"勾选后,激活毛发的刚性动力学效果;"表面半径"设置碰撞效果的半径范围;"固定发根"勾选后,毛发不受动力学影响;"质量"可以理解成物体的重量;"粘滞"调节毛发在粘度较高的液体或物质中移动;"保持发根"调节毛发根部与物体表面的距离;"硬度"设置每根毛发不受动力学影响的位置比例;"静止混合"设置毛发静止状态与当前动力学效果位置的混合;"静止保持"与"静止混合"类似;"变形"

调节毛发的拉伸效果;"自动计时"勾选后,记录全部动力学效果;"开始/结束"在输入时间内记录动力学效果;"松弛"每单击一次,将显示毛发的动力学效果的变化,而再次播放,动力学效果的初始状态,是从单击松弛后毛发的状态开始计算;"贴图"通过纹理贴图控制毛发的粘滞、硬度、静止等属性;"修改"通过曲线调节控制毛发的粘滞、硬度、静止等属性;"高级"设定动力学影响引导线或毛发;例如,导入"毛发案例"文件,播放动画到"80"帧位置观看效果,如图 4-3-34 所示。在属性窗口"动力学"面板中,"静止混合"输入"0",播放动画到"80"帧位置观看效果,如图 4-3-35 所示。

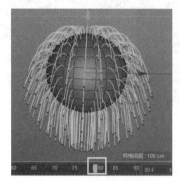 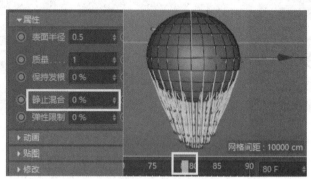

图 4-3-34　动力学效果　　　　　　　　　　图 4-3-35　静止混合效果

（8）影响

设置毛发之间的相互影响,如图 4-3-36 所示。

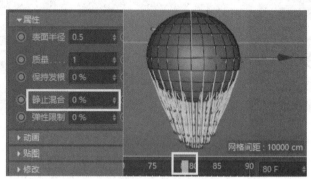

图 4-3-36　影响

单击"影响"面板,"毛发与毛发间"勾选后,毛发之间产生动力学效果;"表面与毛发间"勾选后,物体表面与毛发之间产生动力学效果;"重力"调节向下的吸引力;"半径"设置每根毛发影响力的半径;"强度"调节毛发间影响力的大小;"最大强度"限制强度,确保强度在合理的范围内;"衰减"设置效果半径衰减的方式;"模式"是影响的方式;"影响"可以将场、物体等元素拖入,产生动力学效果。例如,导入"毛发案例"文件,单击"菜单—模拟—粒子—湍流",如图 4-3-37 所示。在对象窗口选择"湍流",将其拖至属性窗口"影响"面板"影响"之中，"模式"选择"包括"，如图4-3-38所示。

图4-3-37　湍流

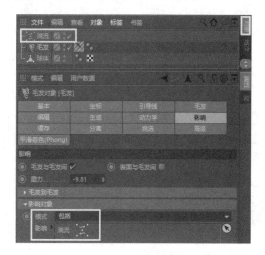

图4-3-38　影响属性

在"湍流"的"强度"输入"300"，播放动画，观察效果，如图4-3-39所示。将"影响"的"重力"输入"0"，播放动画，观察效果，如图4-3-40所示。

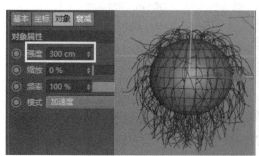

图4-3-39　湍流属性

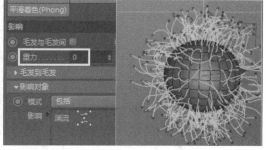

图4-3-40　重力属性

（9）缓存

可以提高制作效率及计算结果的准确性，如图4-3-41所示。

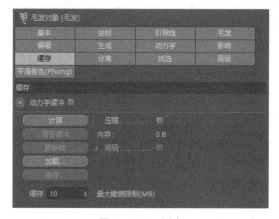

图4-3-41　缓存

　　单击"缓存"面板，"动力学缓冲"勾选后，激活动力学缓存；"计算"创建动力学效果的缓存；"压缩"勾选后，缓存被压缩，将使用更少的内存；"清空缓存"是删除缓存；"加载/保存"选择、储存目录；"缓存"是分配的最大内存量。例如，导入"毛发案例"文件，移动时间指针，不能实时反映动力学效果，如图 4-3-42 所示。在对象窗口选择"缓存"，单击"计算"生成"缓存"后，即可实时反映动力学效果，如图 4-3-43 所示。

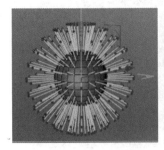

图 4-3-42　播放动画

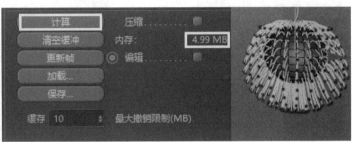

图 4-3-43　缓存效果

（10）分离

创建毛发分出缝隙的效果，如图 4-3-44 所示。

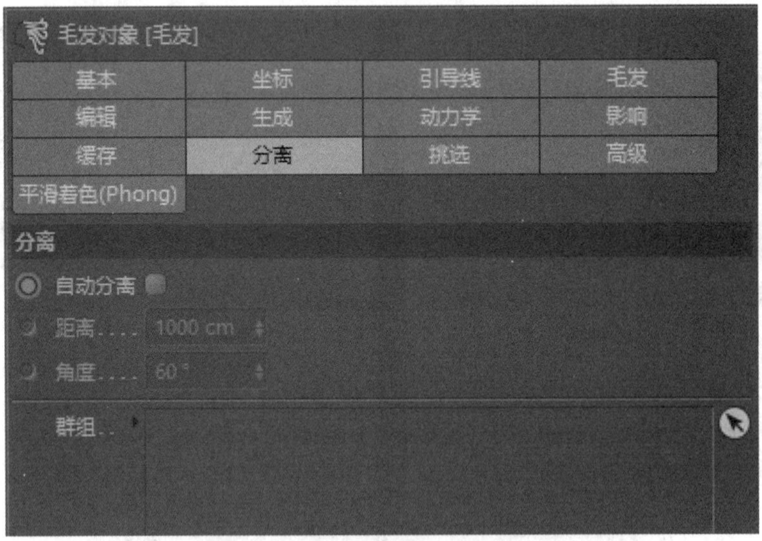

图 4-3-44　分离

　　单击"分离"面板，"自动分离"勾选后，根据距离和角度自动生成分离效果；"距离"只有在勾选"自动分离"后才被激活，设置引导线最大距离；"角度"只有在勾选"自动分离"后才被激活，设置引导线最大距离；"群组"：将毛发标签拖至其中时，可手动创建分离效果。例如，导入"毛发分离案例"文件，如图 4-3-45 所示。单击"渲染活动视图"，观察效果，如图 4-3-46 所示。

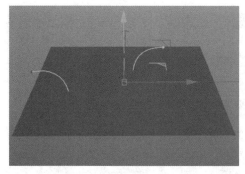

图 4-3-45 分离文件

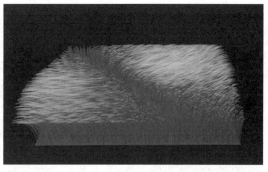

图 4-3-46 渲染效果

单击"菜单—模拟—毛发选择—设置选集",如图 4-3-47 所示。在对象窗口选择"毛发标签",将其拖至属性窗口"群组"面板之中,如图 4-3-48 所示。单击"渲染活动视图",观察最终效果,如图 4-3-49 所示。

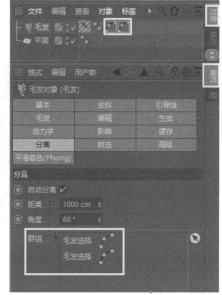

图 4-3-47 设置选集 　　　图 4-3-48 群组 　　　图 4-3-49 最终效果

（11）挑选

只对必要位置的毛发进行渲染,节省计算机资源,提高制作效率,如图 4-3-50 所示。

（12）高级

调节毛发分布的随机性,如图 4-3-51 所示。

（13）平滑着色（Phong）

调节毛发的圆滑度,如图 4-3-52 所示。

图 4-3-50　挑选　　　　　图 4-3-51　高级　　　　　图 4-3-52　平滑着色

3. 毛发的材质

在对毛发实际操作过程中，对毛发材质的调节是最常见、最便捷的方法。当给物体添加毛发后，双击"材质编辑器"中的"毛发材质"（如图 4-3-53 所示），即可弹出毛发材质的属性编辑器，如图 4-3-54 所示。

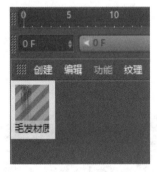 

图 4-3-53　毛发材质　　　　　　图 4-3-54　材质属性

（1）颜色

可以调节发根、发梢、色彩、表面等色彩，或使用纹理贴图制作毛发的颜色，如图 4-3-55 所示。

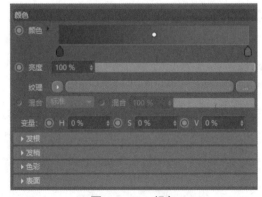

图 4-3-55　颜色

"颜色"是一个渐变颜色，渐变的左侧表示毛发根部，右侧表示顶端（启用"纹理"此属性将会失效）；"亮度"设置毛发的整体亮度；"纹理"通过纹理贴图设置毛发的颜色；"混合"设置纹理贴图和毛发颜色的混合方式；"混合"设置纹理贴图和毛发颜色的混合程度；"变量"设置毛发颜色的随机值；"发根/发梢"设置毛发根部的颜色或毛发顶端的颜色；"色彩/表面"调节毛发的色彩关系，模拟生成真实的毛色效果。例如，导入"毛发材质案例"文件，进行渲染观察效果，如图 4-3-56 所示。单击"毛发材质"，勾选"颜色"在"颜色"中调节"红色（255、0、0）""黄色（255、251、0）"，再次进行渲染，观察效果，如图 4-3-57 所示。

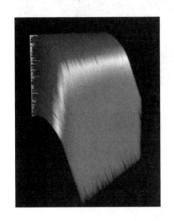

图 4-3-56　文件颜色

图 4-3-57　颜色效果

（2）背光颜色（发根）

调节毛发在背光环境下的颜色，如图 4-3-58 所示。

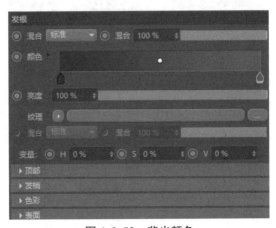

图 4-3-58　背光颜色

"混合"为背光颜色与头发颜色的混合方式，调整其百分比即表示背光颜色与头发颜色的混合程度；"颜色"是一个渐变颜色，渐变的左侧表示毛发根部，右侧表示顶端（启用"纹理"此属性将会失效）；"亮度"设置毛发背光颜色的亮度；"纹理"通过纹理贴图设置毛发的背光颜色；"混合"设置纹理贴图和毛发背光颜色的混合方式，其百分比为设置纹理贴图和毛发背光颜色的混合程度；"变量"设置毛发颜色的随机值；"顶部/发梢"设置毛发顶部的背光颜色或毛发发梢的背光颜色;"色彩/表面"调节毛发的色彩关系,模拟生成真实的毛色效果。例如,导入"毛发材质案例"文件,在背光位置进行渲染,观察效果,如图 4-3-59 所示。单击"毛发材质",勾选"背光颜色",在"颜色"中调节"蓝色(92、92、153)",将过渡滑块拖至右侧,再次进行渲染,观察效果,如图 4-3-60 所示。

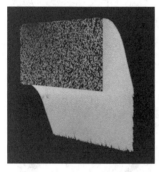 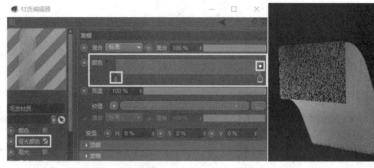

图 4-3-59　文件背光颜色　　　　　　　　图 4-3-60　背光颜色效果

（3）高光

设置高光的效果,分主要和次要高光,可调节颜色、强度、纹理等属性,如图 4-3-61 所示。

图 4-3-61　高光

"颜色"设置高光的颜色;"强度(主要高光)"调节高光的强度和亮度;"锐利(主要高光)"调节镜面高光效果;"纹理(主要高光)"通过纹理贴图设置毛发的高光;"强度(次要高光)"调节高光的强度和亮度;"锐利(次要高光)"调节镜面高光效果;"纹理(次要高光)"通过纹理贴图设置毛发的高光;"背面高光"设置背光产生的镜面强度。例如,导入"毛发材质案例"文件,单击"毛发材质"勾选"高光",在"强度(主要高光)"输入"100"、"锐利(主要高光)"输入"100","强度(次要高光)"输入"0"、"锐利(次要高光)"输入"0",进行渲染,观察效果,如图 4-3-62 所示。在"强度(主要高光)"输入"0"、

"锐利（主要高光）"输入"0"、"强度（次要高光）"输入"100"、"锐利（次要高光）"输入"100"，进行渲染，观察效果，如图 4-3-63 所示。

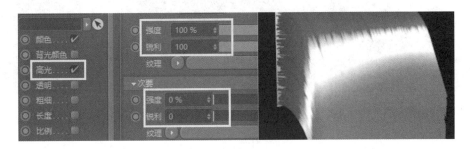

图 4-3-62　主要高光效果

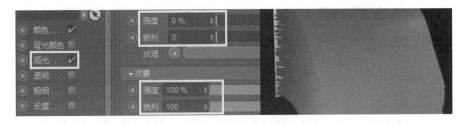

图 4-3-63　次要高光效果

（4）透明

设置毛发从发根到发梢的透明度，如图 4-3-64 所示。

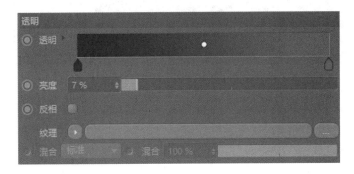

图 4-3-64　透明

"透明"可以调节毛发的透明度，左侧代表毛发根部，右侧表示顶端；"亮度"设置透明度的大小；"反相"勾选后，将反转透明颜色；"纹理"通过纹理贴图设置毛发的透明；"混合"（左）设置纹理贴图与透明混合方式；"混合"（右）设置纹理贴图与透明混合程度。例如，导入"毛发材质案例"文件进行渲染（未勾选"透明"），如图 4-3-65 所示；勾选"透明"，勾选"反相"后进行渲染对比，如图 4-3-66 所示。

图 4-3-65　无透明效果　　　　　　　　　　　图 4-3-66　透明效果

（5）粗细

设定发根和发梢的粗细，用曲线控制发根到发梢的粗细渐变，如图 4-3-67 所示。

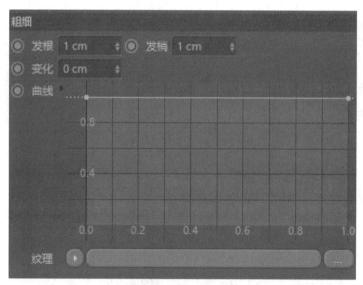

图 4-3-67　粗细

"发根"调节毛发根部的大小；"发梢"调节毛发顶部的大小；"变化"调节粗细的随机值；"曲线"通过调节曲线设置毛发的粗细；"纹理"通过纹理贴图设置毛发的粗细。例如，导入"毛发材质案例"文件进行渲染，如图 4-3-68 所示；在"发梢"输入"1"进行渲染对比，如图 4-3-69 所示。

图 4-3-68　毛发默认粗细　　　　　　　　　　图 4-3-69　调节粗细渲染效果

（6）长度

设置毛发的长度及随机长短，如图 4-3-70 所示。

图 4-3-70　长度

"长度"设置毛发的长短；"变化"设置毛发的随机长短；"数量"设置受长度影响的毛发数量；"纹理"通过纹理贴图设置毛发的长度。例如，导入"毛发材质案例"文件进行渲染，如图 4-3-71 所示；在"长度"输入"50"、"变化"输入"50"进行渲染对比，如图 4-3-72 所示。

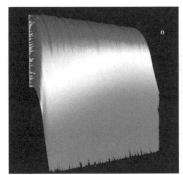

图 4-3-71　毛发默认长度

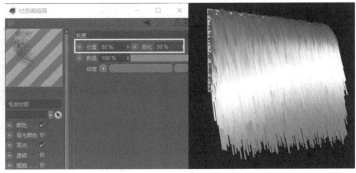

图 4-3-72　调节长度渲染效果

（7）比例

设置毛发的比例及随机比例，如图 4-3-73 所示。

图 4-3-73　比例

"比例"设置毛发的比例（效果类似长度）；"变化"设置毛发的随机比例；"数量"设置受比例影响的毛发数量；"纹理"通过纹理贴图设置毛发的比例。例如，导入"毛发材质案例"文件进行渲染，如图 4-3-74 所示；在"长度"输入"0"、"变化"输入"0"、"数量"输入"99"进行渲染对比，如图 4-3-75 所示。

图 4-3-74　毛发默认比例

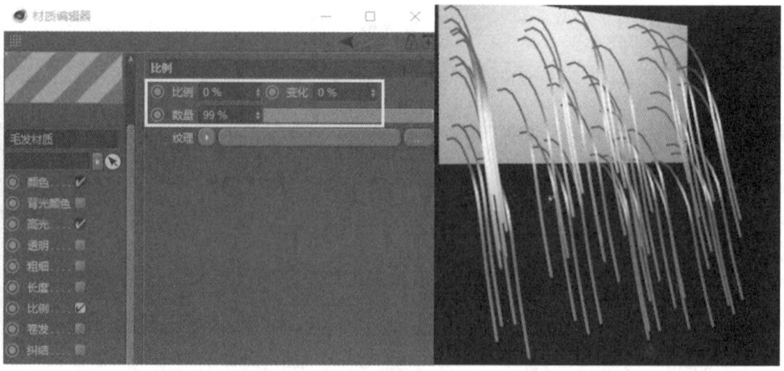

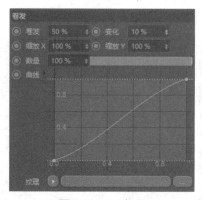

图 4-3-75　调节比例渲染效果

（8）卷发

设置毛发的卷曲状态，如图 4-3-76 所示。

图 4-3-76　卷发

"卷发"设置卷发的强度；"变化"设置毛发的随机卷发；"缩放 X/Y"设置毛发在"X/Y"轴向的缩放程度；"数量"设置受卷发影响的毛发数量；"曲线"通过调节曲线设置毛发的卷曲；"纹理"通过纹理贴图设置毛发的卷曲。例如，导入"毛发材质案例"文件，在"卷发"输入"100"、"变化"输入"10"、"缩放 X"输入"100"、"缩放 Y"输入"0"，如图 4-3-77 所示；渲染毛发，观察效果，如图 4-3-78 所示。

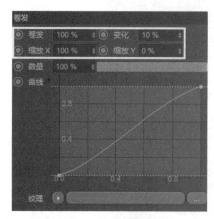

图 4-3-77　卷发属性

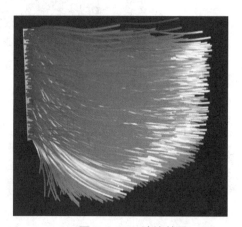

图 4-3-78　渲染效果

（9）纠结

设置毛发的纠结状态，如图 4-3-79 所示。

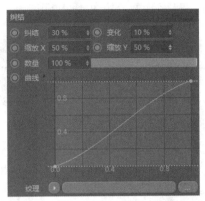

图 4-3-79 纠结

"纠结"设置纠结的强度；"变化"设置毛发的随机纠结；"缩放 X/Y"设置毛发在"X/Y"轴向的纠结程度；"数量"设置受纠结影响的毛发数量；"曲线"通过调节曲线设置毛发的纠结；"纹理"通过纹理贴图设置毛发的纠结。例如，导入"毛发材质案例"文件，在"纠结"输入"40"、"变化"输入"50"、"缩放 X"输入"100"、"缩放 Y"输入"100"，如图 4-3-80 所示；渲染毛发，观察效果，如图 4-3-81 所示。

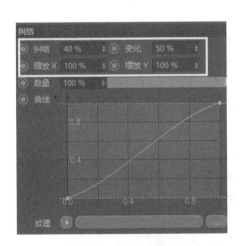

图 4-3-80 卷发属性

图 4-3-81 渲染效果

（10）密度

设置毛发的疏密度，如图 4-3-82 所示。

图 4-3-82 密度

"密度"设置毛发的整体密度;"密度级别"调节纹理灰度值的数量;"纹理"通过纹理贴图设置毛发的密度。例如,导入"毛发材质案例"文件,单击"纹理",选择"棋盘",如图 4-3-83 所示;渲染毛发,观察效果,如图 4-3-84 所示。

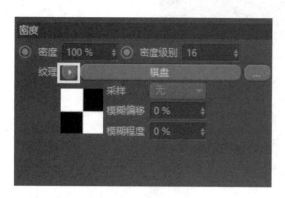

图 4-3-83　密度属性

图 4-3-84　渲染效果

1. 制作毛发特效

通过以上学习,读者可以了解毛发进阶知识及使用方法。为了巩固所学知识,通过以下几个步骤,使用毛发制作相关知识实现毛发效果。

(1)将"毛发文件"导入软件,如图 4-4-1 所示。再单击"菜单—模拟—毛发对象—添加毛发",如图 4-4-2 所示。

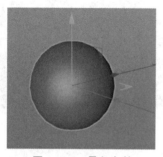

图 4-4-1　导入文件

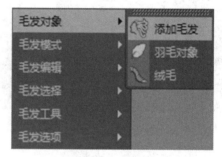

图 4-4-2　添加毛发

(2)在"属性"面板"毛发"中,"发根"的"长度"输入"20"、"分段"输入"6",如图 4-4-3 所示。在"属性"面板"毛发"中,"数量"输入"100000",如图 4-4-4 所示。

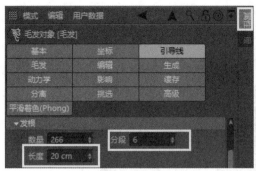

图 4-4-3 引导线

图 4-4-4 毛发

（3）在视图中观察模型效果，如图 4-4-5 所示；点击渲染，观察渲染效果，如图 4-4-6 所示。

图 4-4-5 模型效果

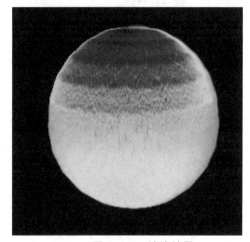

图 4-4-6 渲染效果

（4）单击"菜单—创建—灯光—灯光"，如图 4-4-7 所示。在视图中创建灯光，放置在模型的"前方（主光灯）"，如图 4-4-8 所示。

图 4-4-7 灯光

图 4-4-8 渲染效果

（5）选择"前方（主光灯）"，在"属性"面板"投影"中，"投影"选择"阴影贴图
（软阴影）"、"颜色""HSV"，输入"0、0、15"，如图 4-4-9 所示；单击渲染，观察效果，
如图 4-4-10 所示。

图 4-4-9　投影　　　　　　　　　图 4-4-10　强度

（6）创建灯光，放置在模型的"后方（背光灯）"位置，如图 4-4-11 所示；在"属性"
面板"常规"中，"强度"输入"50"，如图 4-4-12 所示。

图 4-4-11　投影　　　　　　　　　图 4-4-12　强度

（7）单击渲染，观察效果，如图 4-4-13 所示。在"材质编辑器"中勾选"卷发"，在
"曲线"中将下方"曲线点"拖至"0.4"位置，如图 4-4-14 所示。

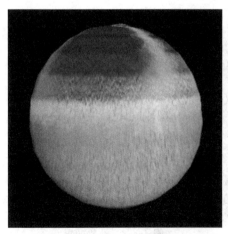
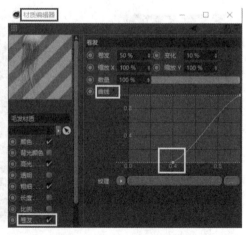

图 4-4-13　渲染效果　　　　　　　图 4-4-14　卷发

（8）单击渲染，观察效果，如图 4-4-15 所示。在"材质编辑器"中勾选"集束"，"集束"输入"50"，如图 4-4-16 所示。

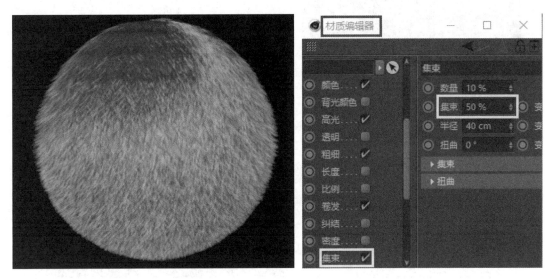

图 4-4-15　渲染效果　　　　　　　　　　　　图 4-4-16　集束

（9）单击渲染，观察效果，如图 4-4-17 所示。在"材质编辑器"单击"颜色"，单击"纹理" ，在弹出的菜单中选择"噪波"，如图 4-4-18 所示。

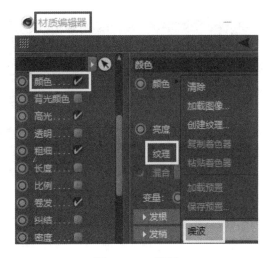

图 4-4-17　渲染效果　　　　　　　　　　　　图 4-4-18　噪波

（10）单击"噪波"纹理贴图，在"着色器"中，"颜色 1"输入"（HSV）0、100、100"、"颜色 2"输入"（HSV）244、100、100"、"对比"输入"100"，如图 4-4-19 所示。单击渲染，观察效果，如图 4-4-20 所示。

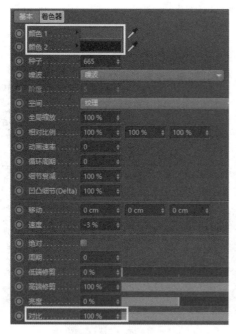

图 4-4-19　着色器设置　　　　　　　　　　图 4-4-20　渲染效果

（11）或在"材质编辑器"中创建新的"材质球"，如图 4-4-21 所示。在对象窗口中，将此"材质球"放置在"球体"中，如图 4-4-22 所示。

图 4-4-21　材质　　　　　　　　　　图 4-4-22　球体

（12）单击渲染，观察效果，如图 4-4-23 所示。也可以修改"亮度"与"对比"，改变"颜色 1"与"颜色 2"的过渡效果，如在"亮度"输入"5"、"对比"输入"70"，如图 4-4-24 所示。

图 4-4-23　渲染效果

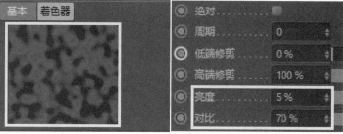

图 4-4-24　亮度与对比

（13）单击渲染，观察效果，如图 4-4-25 所示。也可将"球体"记录关键帧，在播放动画时进行渲染，观察毛发的渲染细节，如图 4-4-26 所示。

图 4-4-25　渲染效果

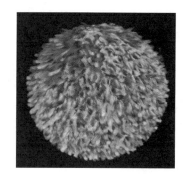

图 4-4-26　渲染细节

本项目通过毛发效果的实现，使读者对特效制作相关知识有了初步了解，对特效工具、命令的使用有所了解并掌握，并能够通过所学的相关知识实现特效效果的制作。

刚体	Rigid body	旋转	Revolve
柔体	Soft body	摩擦	Friction
动力学	Dynamics	重力	Gravity
粒子	Particle	湍流	Turbulent
毛发	Hair	粗细	Thickness
颜色	Color	密度	Density

1. 选择题

（1）下列属于"动力学"范畴的是（　　）。（多选）

    A. 刚体　　　　B. 柔体　　　　C. 粒子　　　　D. 毛发

（2）"刚体"是模拟（　　）物体的碰撞效果。（单选）

    A. 柔软　　　　B. 坚硬　　　　C. 场　　　　D. 域

（3）下列属于"场"的范畴有（　　）。（多选）

    A. 引力　　　　B. 反弹　　　　C. 推散　　　　D. 风力

（4）"湍流"模拟粒子（　　）的流动效果。（单选）

    A. 有规则　　　B. 有颜色　　　C. 无规则　　　D. 无颜色

（5）"破坏"模拟粒子（　　）的效果。（单选）

    A. 位移　　　　B. 旋转　　　　C. 缩放　　　　D. 消失

2. 填空题

（1）（　　　　）是模拟坚硬物体的碰撞效果。

（2）（　　　　）是模拟柔软物体的碰撞效果。

（3）（　　　　）多用于模拟水、火、雾、气等特殊效果。

（4）（　　　　）替代毛发显示的参考线，类似草稿的作用。

（5）毛发显示模式包含（　　　）（　　　　）（　　　　）（　　　　）（　　　　）（　　　　）。

3. 简答题

（1）说明"场"的特点。

（2）简述毛发材质球中包含的属性。

4. 操作练习

使用学习过的知识制作一个动力学效果，要求效果自然真实，有较高观赏性。在技术层面需要使用刚体/柔体、粒子和毛发等其中两项知识点，最终动力学效果的演示要播放流畅、效果生动、细节真实。